Cloudera Hadoop
大数据平台实战指南

宋立桓 陈建平 著

清华大学出版社
北京

内 容 简 介

对于入门和学习大数据技术的读者来说，大数据技术的生态圈和知识体系过于庞大，可能还没有开始学习就已经陷入众多的陌生名词和泛泛的概念中。本书的切入点明确而清晰，从 Hadoop 生态系统的明星 Cloudera 入手，逐步引出各类大数据基础和核心应用框架。

本书分为 18 章，系统介绍 Hadoop 生态系统大数据相关的知识，包括大数据概述、Cloudera Hadoop 平台的安装部署、HDFS 分布式文件系统、MapReduce 计算框架、资源管理调度框架 YARN、Hive 数据仓库、数据迁移工具 Sqoop、分布式数据库 HBase、ZooKeeper 分布式协调服务、准实时分析系统 Impala、日志采集工具 Flume、分布式消息系统 Kafka、ETL 工具 Kettle、Spark 计算框架等内容，最后给出两个综合实操案例，以巩固前面所学的知识点。

本书既适合 Hadoop 初学者、大数据技术工程师和大数据技术爱好者自学使用，亦可作为高等院校和培训机构大数据相关课程的培训用书。

本书封面贴有清华大学出版社防伪标签，无标签者不得销售。
版权所有，侵权必究。举报：010-62782989，beiqinquan@tup.tsinghua.edu.cn。

图书在版编目（CIP）数据

Cloudera Hadoop 大数据平台实战指南 / 宋立桓，陈建平著. —北京：清华大学出版社，2019
（2024.8重印）
ISBN 978-7-302-51753-5

Ⅰ. ①C… Ⅱ. ①宋… ②陈… Ⅲ. ①数据处理软件 Ⅳ. ①TP274

中国版本图书馆 CIP 数据核字（2019）第 271428 号

责任编辑：	夏毓彦
封面设计：	王　翔
责任校对：	闫秀华
责任印制：	丛怀宇

出版发行：清华大学出版社
网　　址：https://www.tup.com.cn，https://www.wqxuetang.com
地　　址：北京清华大学学研大厦A座　　　　邮　编：100084
社 总 机：010-83470000　　　　　　　　　　邮　购：010-62786544
投稿与读者服务：010-62776969，c-service@tup.tsinghua.edu.cn
质 量 反 馈：010-62772015，zhiliang@tup.tsinghua.edu.cn
印 装 者：三河市龙大印装有限公司
经　　销：全国新华书店
开　　本：190mm×260mm　　　印　张：16　　　字　数：410千字
版　　次：2019年2月第1版　　　印　次：2024年8月第8次印刷
定　　价：59.00元

产品编号：080579-01

推荐序一

从2013年起大数据的概念在国内逐步普及，经过短短几年的时间，相关的技术就在各行各业有了深入的使用和发展，并且越来越多的企业开始重视对大数据项目的规划和建设。大数据的项目建设是以IT信息化部门为主导、企业各部门紧密配合、企业高层驱动的一个持续的过程，其中大数据技术的相关人才尤为重要。

2013年，我与几位志同道合的深耕于数据领域的朋友一起成立了天善智能。至今，天善智能已经成为国内最大的大数据、商业智能BI、人工智能AI的垂直社区之一，来自于百度、阿里巴巴、腾讯、微软、IBM、京东等国内一众知名公司的数据专家也积极地活跃在我们的社区。这些专家广泛地参与天善智能各类线上线下有关大数据技术的布道活动，他们用自己专业的知识、精湛的技术分享极大地点燃了广大大数据技术爱好者的热情，共同推动了大数据技术在国内的普及和发展。

在天善智能的成长过程中，我也有幸结识了很多来自各行各业大数据技术圈的朋友，其中就包括本书的两位作者宋立桓和陈建平。宋立桓老师以前在微软工作，由于我以前也是微软技术的程序开发者，包括之后在工作中使用到微软商业智能BI技术，因此让我们有了更多交流的话题。之后，宋老师去腾讯就职，从大数据到云计算，从一个很深的数据底层走向另一个更深的架构底层，这是一个很好的提升和发展。建平来自传统的行业，在传统行业的数据升级打怪过程中不断将数据运用到了一个很高的高度。

在我们和很多技术专家合作各类线上线下沙龙分享的过程中，大家都意识到了一个问题——大数据知识体系过于庞大，零零散散的知识体系终归需要有一个载体，而这个载体既可以是文字的沉淀，也可以是专业课程的沉淀。很惊喜的是这两位志同道合的朋友在精心酝酿了很长一段时间之后，终于开始行动并将过往经验一一成文。

Hadoop走过这么多年，整个生态体系越来越庞大，作为Hadoop最有影响力的数据管理软件服务提供商之一的Cloudera无疑是一颗耀眼的明星。两位作者从这个切入点开始循序渐进地将Hadoop生态系统中核心的技术、框架、应用一一展开，构成一个完整的知识体系框架，不多不少入门正好。本书案例简洁清晰，不少料不拖沓，可以帮助大家快速学习掌握大数据相关的核心知识点，希望此书能够成为广大大数据技术学习爱好者的手边参考书。

最后，回归到整个大行业，我们仍然要意识到：许多传统企业在从业务信息化到数据信息化的过程并不会一帆风顺。一方面来自于传统业务与大数据结合的场景目前依旧需要实践的检验，存在一个比较长的建设和提炼周期，需要企业在人力、物力、财力有持续的投入和保障。另一方面，每个企业的 IT 基础、数据基础、技术积累程度不同，对于选择适合自身的大数据方案也并不是那么容易。对于技术人员来说，有些问题我们可能无力解决，我们能够做到的就是不断地夯实大数据技术、用技术驱动传统业务、挖掘业务增长点，让大数据真正地为企业创造业务价值。

天善智能创始人　梁勇

推荐序二

最近几年，Hadoop 作为最基础和最流行的大数据技术平台，被广泛地应用。作为一个开源技术平台，Hadoop 平台发展非常迅猛，在此基础上，也发展出很多的商业版本和分支。Cloudera 作为最早开源平台的贡献者，迅速成为这个技术的领导者，无论是社区版还是商业版都被大量的客户广泛采用。

亦策软件是一家国内领先的专注于大数据整体解决方案的高科技企业，为客户提供大数据分析平台端到端的解决方案。在和客户交流的过程中，我们发现很多用户和技术人员在学习、使用和运维 Cloudera Hadoop 平台的时候都面临一个严峻的挑战，就是中文的教材和资料非常少，相关的课程和培训又非常昂贵，所以只能靠自己摸索或者学习英文的资料。这给入门和掌握 Cloudera Hadoop 平台造成很大的不便，降低了效率。听闻宋立桓老师要出版《Cloudera Hadoop 大数据平台实战指南》这本书，我很高兴受邀为这本书写序。这本书梳理了大数据基础和核心技术框架、注重实操、案例简洁，很适合广大大数据技术爱好者参考学习。我想本书的出版一定能帮助大家解决学习资料的燃眉之急。

感谢宋立桓老师为大数据技术的推广做出贡献，并真诚希望广大读者通过本书能缩短相关技术从入门到精通的过程，最后祝本书大卖！

上海亦策软件科技有限公司总经理 邓强勇

推荐序三

2011年秋，我在西雅图参加微软的技术大会，在之前的一年，EMC刚刚提出了Big Data和Data Lake的理念，我和同事们疯狂地讨论着这个也许会颠覆软件业的新理念。我们意识到，大量的数据和非结构化的社会网络信息会成为这个全新时代的重要资源高地。我们讨论着2005年诞生的Hadoop，2007年Linus Torvalds于10天之内开发GitHub的传奇，2008年中本聪发表比特币论文，2010年张小龙开发了微信，那是伟大的事件频繁发生的5年。

我与本书作者宋立桓老师是在那时候认识的，我们谈了很多关于未来数据应用的场景，我们一致认为，数据的价值将会在未来10年内超过那些陈旧的系统，会有更新一代的应用基于显而易见、唾手可得的数据而诞生。我们将不再依赖复杂的流程和权限，会让每个社会实体都有自知之明和洞见之能。

从那以后，宋立桓老师一直致力于探索数据的价值，以及如何实现数据的价值，从数据分析到数据业务探索，从数据整合到数据共享，他研究得非常系统和完整。《Cloudera Hadoop 大数据平台实战指南》是他继《人人都是数据分析师：微软Power BI实践指南》之后的又一力作，通俗易懂，概念清晰，是对大数据架构和相关大数据系统普及的好教程。在本书中，从大数据概念到原理，从理论到实战，从部署到操作，无一不凝聚着他严谨的学习态度和实践精神，是很好的打开大数据宝藏的一把钥匙，也是近年来在该领域不可多得的学习材料。

希望你们和我一起加入本书的阅览与实战的旅程中。

感谢宋立桓老师的作序邀请，预祝有更多推动大数据行业的真知灼见早日发表。

深圳纳实大数据技术有限公司CEO　吕骏

前　言

大数据这个词也许几年前你听着还有点陌生，但我相信你现在听到 Hadoop 这个词时会觉得"熟悉"！你会发现身边从事 Hadoop 开发或者正在学习 Hadoop 的人越来越多。

最早提出"大数据"时代到来的是全球知名咨询公司麦肯锡，麦肯锡称："数据，已经渗透到当今每一个行业和业务职能领域，成为重要的生产因素。互联网技术发展到现今阶段，大量日常、工作等事务产生的数据比以前有了爆炸式的增长，以前的传统数据处理技术已经无法胜任，需求催生技术——一套用来处理海量数据的软件技术框架 Hadoop 应运而生！

我本人一直从事云计算、大数据方面的咨询和培训工作。大数据产业高速发展促使 Hadoop 人才的需求井喷式增长，但 Hadoop 大数据工程师培养数量远远无法满足市场的需求。为了不被淹没在大数据技术的浪潮中，我们只有坚持学习，通过增加知识来实现对自我价值的挖掘和体现。

关于本书

Hadoop 的发行版除了社区的 Apache Hadoop 外，Cloudera、Hortonworks、华为等公司都提供了自己的商业版本。因为企业通常使用的是 Hadoop 商业版本，所以本书实操的运行环境采用 Cloudera 的 CDH。本书定位是大数据从入门到应用的简明系统教程，特色是理论联系实践、实战实用为主、内容全面系统、讲解深入浅出，是大数据技术爱好者入门的最佳图书。

本书分为 18 章（宋立桓老师撰写第 1~12 章、陈建平撰写第 13~18 章），分别从大数据概述、Cloudera Hadoop 平台的安装部署、大数据 Hadoop 组件三方面进行介绍，内容包括 HDFS 分布式文件系统、MapReduce 计算框架、资源管理框架 YARN 、Hive 数据仓库、数据迁移工具 Sqoop、分布式数据库 HBase、ZooKeeper 分布式协调服务、准实时分析系统 Impala、日志采集工具 Flume、分布式消息系统 Kafka、ETL 工具 Kettle、Spark 计算框架等知识，最后用两个综合实操案例把所有知识点串起来。

本书使用的操作环境是 Hadoop 商业发行版的 Cloudera Express（Express 是免费版本，企业版需付费）。全书秉承"实践为主、理论够用"的原则，将演示实验融入各个知识点讲解中。

本书另提供丰富的案例源文件和大数据工具软件下载，供读者亲自操作练习，在作者博客 http://blog.51cto.com/lihuansong 中有下载地址。

学习本书之前，希望大家应该具有如下基础：有一定计算机网络基础知识，熟悉常用 Linux 操作命令，对 Java 语言和数据库理论有基本的了解。

资源下载与技术支持

本书提供详细的案例资源文件,在作者博客置顶文章中提供下载地址,便于读者动手实践:
http://blog.51cto.com/lihuansong/2317021

欢迎读者来信互动,宋立桓的邮箱是 songlihuan@hotmail.com,陈建平的邮箱是 daxia1520@163.com。

致谢

感谢我的妻子,她是我完成此书的坚强后盾。

感谢我的朋友和同事,他们让我学会知识的增值和变现。

感谢清华大学出版社的编辑夏毓彦和其他工作人员帮助我出版了这本有意义的著作。

阿基米德有一句名言:"给我一个支点,我就能撬起地球。"谨以此书献给那些为大数据与商业智能分析铺路的人,让更多的人享受到大数据时代到来的红利。

宋立桓

云计算架构师、大数据咨询顾问

2018 年 11 月

目　　录

第1章　大数据概述 1
1.1　大数据时代的数据特点 1
1.2　大数据时代的发展趋势——数据将成为资产 2
1.3　大数据时代处理数据理念的改变 3
1.3.1　要全体不要抽样 3
1.3.2　要效率不要绝对精确 3
1.3.3　要相关不要因果 4
1.4　大数据时代的关键技术 5
1.5　大数据时代的典型应用案例 5
1.5.1　塔吉特超市精准营销案例 5
1.5.2　谷歌流感趋势案例 6
1.5.3　证券行业案例 6
1.5.4　某运营商大数据平台案例 7
1.6　Hadoop 概述和介绍 7
1.6.1　Hadoop 发展历史和应用现状 7
1.6.2　Hadoop 的特点 8
1.6.3　Hadoop 的生态系统 8

第2章　Cloudera 大数据平台介绍 10
2.1　Cloudera 简介 10
2.2　Cloudera 的 Hadoop 发行版 CDH 简介 11
2.2.1　CDH 概述 11
2.2.2　CDH 和 Apache Hadoop 对比 12
2.3　Cloudera Manager 大数据管理平台介绍 12
2.3.1　Cloudera Manager 概述和整体架构 12
2.3.2　Cloudera Manager 的基本核心功能 14
2.3.3　Cloudera Manager 的高级功能 18
2.4　Cloudera 平台参考部署架构 19
2.4.1　Cloudera 的软件体系结构 19
2.4.2　群集硬件规划配置 19
2.4.3　Hadoop 集群角色分配 21
2.4.4　网络拓扑 23

第 3 章 Cloudera Manager 及 CDH 离线安装部署 25
3.1 安装前的准备工作 25
3.2 Cloudera Manager 及 CDH 安装 30
3.3 添加其他大数据组件 35

第 4 章 分布式文件系统 HDFS 37
4.1 HDFS 简介 37
4.2 HDFS 体系结构 38
4.2.1 HDFS 架构概述 38
4.2.2 HDFS 命名空间管理 38
4.2.3 NameNode 39
4.2.4 SecondaryNameNode 39
4.3 HDFS 2.0 新特性 41
4.3.1 HDFS HA 41
4.3.2 HDFS Federation 42
4.4 HDFS 操作常用 shell 命令 43
4.4.1 HDFS 目录操作和文件处理命令 43
4.4.2 HDFS 的 Web 管理界面 44
4.4.3 dfsadmin 管理维护命令 45
4.4.4 namenode 命令 47
4.5 Java 编程操作 HDFS 实践 47
4.6 HDFS 的参数配置和规划 49
4.7 使用 Cloudera Manager 启用 HDFS HA 51
4.7.1 HDFS HA 高可用配置 51
4.7.2 HDFS HA 高可用功能测试 54

第 5 章 分布式计算框架 MapReduce 57
5.1 MapReduce 概述 57
5.2 MapReduce 原理介绍 58
5.2.1 工作流程概述 58
5.2.2 MapReduce 框架的优势 58
5.2.3 MapReduce 执行过程 59
5.3 MapReduce 编程——单词示例解析 59
5.4 MapReduce 应用开发 60
5.4.1 配置 MapReduce 开发环境 60
5.4.2 编写和运行 MapReduce 程序 61

第 6 章 资源管理调度框架 YARN 65
6.1 YARN 产生背景 65
6.2 YARN 框架介绍 66

6.3 YARN 工作原理 ... 67
6.4 YARN 框架和 MapReduce1.0 框架对比 ... 69
6.5 CDH 集群的 YARN 参数调整 ... 69

第 7 章 数据仓库 Hive ... 72
7.1 Hive 简介 ... 72
7.2 Hive 体系架构和应用场景 ... 73
 7.2.1 Hive 体系架构 ... 73
 7.2.2 Hive 应用场景 ... 74
7.3 Hive 的数据模型 ... 75
 7.3.1 内部表 ... 75
 7.3.2 外部表 ... 75
 7.3.3 分区表 ... 75
 7.3.4 桶 ... 75
7.4 Hive 实战操作 ... 76
 7.4.1 Hive 内部表操作 ... 77
 7.4.2 Hive 外部表操作 ... 77
 7.4.3 Hive 分区表操作 ... 79
 7.4.4 桶表 ... 80
 7.4.5 Hive 应用实例 WordCount ... 82
 7.4.6 UDF ... 84
7.5 基于 Hive 的应用案例 ... 86

第 8 章 数据迁移工具 Sqoop ... 88
8.1 Sqoop 概述 ... 88
8.2 Sqoop 工作原理 ... 89
8.3 Sqoop 版本和架构 ... 91
8.4 Sqoop 实战操作 ... 93

第 9 章 分布式数据库 HBase ... 100
9.1 HBase 概述 ... 100
9.2 HBase 数据模型 ... 101
9.3 HBase 生态地位和系统架构 ... 101
 9.3.1 HBase 的生态地位解析 ... 101
 9.3.2 HBase 系统架构 ... 102
9.4 HBase 运行机制 ... 103
 9.4.1 Region ... 103
 9.4.2 Region Server 工作原理 ... 103
 9.4.3 Store 工作原理 ... 104
9.5 HBase 操作实战 ... 104

	9.5.1 HBase 常用 shell 命令	104
	9.5.2 HBase 编程实践	107
	9.5.3 HBase 参数调优的案例分享	109

第 10 章 分布式协调服务 ZooKeeper ... 111

10.1	ZooKeeper 的特点	111
10.2	ZooKeeper 的工作原理	112
	10.2.1 基本架构	112
	10.2.2 ZooKeeper 实现分布式 Leader 节点选举	112
	10.2.3 ZooKeeper 配置文件重点参数详解	112
10.3	ZooKeeper 典型应用场景	115
	10.3.1 ZooKeeper 实现 HDFS 的 NameNode 高可用 HA	115
	10.3.2 ZooKeeper 实现 HBase 的 HMaster 高可用	116
	10.3.3 ZooKeeper 在 Storm 集群中的协调者作用	116

第 11 章 准实时分析系统 Impala ... 118

11.1	Impala 概述	118
11.2	Impala 组件构成	119
11.3	Impala 系统架构	119
11.4	Impala 的查询处理流程	120
11.5	Impala 和 Hive 的关系和对比	121
11.6	Impala 安装	122
11.7	Impala 入门实战操作	124

第 12 章 日志采集工具 Flume ... 128

12.1	Flume 概述	128
12.2	Flume 体系结构	129
	12.2.1 Flume 外部结构	129
	12.2.2 Flume 的 Event 事件概念	130
	12.2.3 Flume 的 Agent	130
12.3	Flume 安装和集成	131
	12.3.1 搭建 Flume 环境	131
	12.3.2 Kafka 与 Flume 集成	132
12.4	Flume 操作实例介绍	132
	12.4.1 例子概述	132
	12.4.2 第一步：配置数据流向	132
	12.4.3 第二步：启动服务	133
	12.4.4 第三步：新建空数据文件	133
	12.4.5 第四步：运行 flume-ng 命令	133
	12.4.6 第五步：运行命令脚本	134

第 13 章　分布式消息系统 Kafka 135
13.1　Kafka 架构设计 135
　13.1.1　基本架构 135
　13.1.2　基本概念 136
　13.1.3　Kafka 主要特点 136
13.2　Kafka 原理解析 137
　13.2.1　主要的设计理念 137
　13.2.2　ZooKeeper 在 Kafka 的作用 137
　13.2.3　Kafka 在 ZooKeeper 的执行流程 137
13.3　Kafka 安装和部署 138
　13.3.1　CDH5 完美集成 Kafka 138
　13.3.2　Kafka 部署模式和配置 139
13.4　Java 操作 Kafka 消息处理实例 141
　13.4.1　例子概述 141
　13.4.2　第一步：新建工程 141
　13.4.3　第二步：编写代码 141
　13.4.4　第三步：运行发送数据程序 142
　13.4.5　最后一步：运行接收数据程序 143
13.5　Kafka 与 HDFS 的集成 143
　13.5.1　与 HDFS 集成介绍 143
　13.5.2　与 HDFS 集成实例 144
　13.5.3　第一步：编写代码——发送数据 144
　13.5.4　第二步：编写代码——接收数据 145
　13.5.5　第三步：导出文件 146
　13.5.6　第四步：上传文件 146
　13.5.7　第五步：运行程序——发送数据 146
　13.5.8　第六步：运行程序——接收数据 147
　13.5.9　最后一步：查看执行结果 147

第 14 章　大数据 ETL 工具 Kettle 148
14.1　ETL 原理 148
　14.1.1　ETL 简介 148
　14.1.2　ETL 在数据仓库中的作用 149
14.2　Kettle 简介 149
14.3　Kettle 完整案例实战 150
　14.3.1　案例介绍 150
　14.3.2　最终效果 150
　14.3.3　表说明 150

12.4.7　最后一步：测试结果 134

14.3.4 第一步：准备数据库数据 151
14.3.5 第二步：新建转换 152
14.3.6 第三步：新建数据库连接 153
14.3.7 第四步：拖动表输入组件 153
14.3.8 第五步：设置属性——order 表 154
14.3.9 第六步：设置属性——user 表 155
14.3.10 第七步：拖动流查询并设置属性——流查询 155
14.3.11 第八步：设置属性——product 表 156
14.3.12 第九步：连接组件 156
14.3.13 第十步：设置属性——文本输出 156
14.3.14 最后一步：运行程序并查看结果 157
14.4 Kettle 调度和命令 158
14.4.1 通过页面调度 158
14.4.2 通过脚本调度 159
14.5 Kettle 使用原则 161

第 15 章 大规模数据处理计算引擎 Spark 162

15.1 Spark 简介 162
15.1.1 使用背景 162
15.1.2 Spark 特点 163
15.2 Spark 架构设计 163
15.2.1 Spark 整体架构 163
15.2.2 关键运算组件 164
15.2.3 RDD 介绍 164
15.2.4 RDD 操作 165
15.2.5 RDD 依赖关系 166
15.2.6 RDD 源码详解 167
15.2.7 Scheduler 168
15.2.8 Storage 168
15.2.9 Shuffle 169
15.3 Spark 编程实例 170
15.3.1 实例概述 170
15.3.2 第一步：编辑数据文件 170
15.3.3 第二步：编写程序 171
15.3.4 第三步：上传 JAR 文件 171
15.3.5 第四步：远程执行程序 172
15.3.6 最后一步：查看结果 172
15.4 Spark SQL 实战 173
15.4.1 例子概述 173
15.4.2 第一步：编辑数据文件 173

	15.4.3	第二步：编写代码	174
	15.4.4	第三步：上传文件到服务器	174
	15.4.5	第四步：远程执行程序	174
	15.4.6	最后一步：查看结果	175
15.5	Spark Streaming 实战		175
	15.5.1	例子概述	175
	15.5.2	第一步：编写代码	175
	15.5.3	第二步：上传文件到服务器	176
	15.5.4	第三步：远程执行程序	177
	15.5.5	第四步：上传数据	177
	15.5.6	最后一步：查看结果	177
15.6	Spark MLlib 实战		178
	15.6.1	例子步骤	178
	15.6.2	第一步：编写代码	178
	15.6.3	第二步：上传文件到服务器	179
	15.6.4	第三步：远程执行程序	179
	15.6.5	第四步：上传数据	180
	15.6.6	最后一步：查看结果	180

第 16 章　大数据全栈式开发语言 Python ... 182

16.1	Python 简介		182
16.2	Python 安装和配置		183
	16.2.1	Anaconda 介绍	183
	16.2.2	Anaconda 下载	183
	16.2.3	Anaconda 安装	184
	16.2.4	Anaconda 包管理	185
	16.2.5	PyCharm 下载	185
	16.2.6	PyCharm 安装	185
	16.2.7	PyCharm 使用	187
16.3	Python 入门		190
	16.3.1	例子概述	190
	16.3.2	第一步：新建 Python 文件	190
	16.3.3	第二步：设置字体大小	191
	16.3.4	第三步：编写代码	191
	16.3.5	第四步：执行程序	192
	16.3.6	最后一步：改变输入	192
16.4	Python 数据科学库 pandas 入门		193
	16.4.1	例子概述	193
	16.4.2	pandas 包介绍	194
	16.4.3	第一步：打开 Jupyter Notebook	194

16.4.4	第二步：导入包	194
16.4.5	第三步：定义数据集	195
16.4.6	第四步：过滤数据	195
16.4.7	最后一步：获取数据	196

16.5 Python 绘图库 matplotlib 入门 ... 197
  16.5.1 例子概述 ... 197
  16.5.2 第一步：新建一个 Python 文件 ... 197
  16.5.3 第二步：引入画图包 ... 197
  16.5.4 第三步：组织数据 ... 198
  16.5.5 第四步：画图 ... 198
  16.5.6 最后一步：查看结果 ... 199

第 17 章 大数据实战案例：实时数据流处理项目 ... 200

17.1 项目背景介绍 ... 200
17.2 业务需求分析 ... 200
17.3 项目技术架构 ... 201
17.4 项目技术组成 ... 202
17.5 项目实施步骤 ... 202
  17.5.1 第一步：运用 Kafka 产生数据 ... 202
  17.5.2 第二步：运用 Spark 接收数据 ... 208
  17.5.3 第三步：安装 Redis 软件 ... 211
  17.5.4 第四步：准备程序运行环境 ... 214
  17.5.5 第五步：远程执行 Spark 程序 ... 216
  17.5.6 第六步：编写 Python 实现可视化 ... 218
  17.5.7 最后一步：执行 Python 程序 ... 221
17.6 项目总结 ... 222

第 18 章 大数据实战案例：用户日志综合分析项目 ... 223

18.1 项目背景介绍 ... 223
18.2 项目设计目的 ... 223
18.3 项目技术架构和组成 ... 224
18.4 项目实施步骤 ... 225
  18.4.1 第一步：本地数据 FTP 到 Linux 环境 ... 225
  18.4.2 第二步：Linux 数据上传到 HDFS ... 225
  18.4.3 第三步：使用 Hive 访问 HDFS 数据 ... 226
  18.4.4 第四步：使用 Kettle 把数据导入 HBase ... 228
  18.4.5 第五步：使用 Sqoop 把数据导入 MySQL ... 234
  18.4.6 第六步：编写 Python 程序实现可视化 ... 236
  18.4.7 最后一步：执行 Python 程序 ... 238

第1章

大数据概述

在信息传播极其迅速的今天，各种数据渗透我们的生活，并以指数级的速度增长。数据爆炸将我们带入大数据时代，大数据已经蔓延到社会的各行各业，从而影响着我们的学习、工作、生活以及社会的发展，因此大数据的相关研究受到中央和地方政府、各大科研机构和各类企业的高度关注。

最早提出"大数据时代到来"的是全球顶级管理咨询公司麦肯锡。麦肯锡宣称："数据，已经渗透到当今每一个行业和业务职能领域，成为重要的生产因素。人们对于海量数据的挖掘和运用，预示着新一波生产率增长和消费者盈余浪潮的到来。"

真正把大数据推向公众视野的是牛津大学教授维克托。他潜心研究大数据10年，成为最早洞见大数据时代发展趋势的科学家之一，他的《大数据时代》专著是国际大数据研究先河之作。维克托思维的深邃之处在于，他明确指出了大数据时代处理数据理念上的三大转变：要全体不要抽样，要效率不要绝对精确，要相关不要因果。

1.1 大数据时代的数据特点

在2015年贵阳国际大数据产业博览会暨全球大数据时代贵阳峰会（以下简称"数博会"）上，阿里巴巴董事局主席马云发表主题演讲。马云在数博会上系统阐述了"DT（Data Technology，数据技术）时代"的特点，DT时代把机器变成人，而这也将改变制造业的局面，释放更多企业的活力——"未来的制造业要的不是石油，它最大的能源是数据"。

凭智商做判断过时了，未来拼的是大数据，那么何为大数据呢？一般认为，大数据主要具有四方面的典型特征——规模性（Volume）、多样性（Variety）、高速性（Velocity）和价值性（Value），即所谓的"4V"。

（1）规模性，即大数据具有相当的规模，其数据量非常巨大。淘宝网近4亿的会员每天产生的商品交易数据约 20TB，Facebook（脸书）约 10 亿的用户每天产生的日志数据超过 300TB。数据的数量级别可划分为 B、KB、MB、GB、TB、PB、EB、ZB 等，而数据的数量级别为 PB 级别的才能称得上是大数据。根据 IDC 公司的最新研究，未来 10 年，全球的数据总量将会增长 50 倍，以此推算，数据产生的速度越来越快，而且数据总量将呈现指数型的爆炸式增长。

（2）多样性，即大数据的数据类型呈现多样性。数据类型繁多，不仅包括结构化数据，还包括非结构化数据和半结构化数据。其中，结构化数据即音频、图片、文本、视频、网络日志、地理位置信息等。传统的数据处理对象基本上都是结构化数据，而在现实中非结构化数据也是大量存在的，所以既要分析结构化数据又要分析非结构化数据才能满足人们对数据处理的要求。

（3）高速性，即处理大数据的速度越来越快，处理时要求具有时效性，因为数据和信息更新速度非常快，信息价值存在的时间非常短，必须要求在极短的时间下在海量规模的大数据中摒除无用的信息来搜集具有价值和能够利用的信息。所以随着大数据时代的到来，搜集和提取具有价值的数据和信息必须要求高效性和短时性。

（4）价值性。从大数据的表面数据进行分析，进而得到大数据背后重要的有价值的信息，最后可以精确地理解数据背后所隐藏的现实意义。

大数据的价值密度的高低与数据总量的大小成反比。以视频为例，一部 1 小时的视频，在连续不间断的监控中，有用数据可能仅有一两秒。如何通过强大的机器算法更迅速地完成数据的价值"提纯"成为目前大数据背景下亟待解决的难题。

1.2 大数据时代的发展趋势——数据将成为资产

长期以来，困扰企业最大的难题就是"如何更了解他的客户"。传统企业衰落的根本原因在于难以贴近消费者，难以了解消费者的真正需求。互联网公司的强项恰恰是天然地贴近消费者、了解消费者。企业需要花大力气真正研究消费者的数据，这样才能了解消费者，才能将数据资产化，将数据变现。

创建"如家"经济型连锁酒店的创始人季琦也是因为数据变现的。2001 年，携程网的一位网友在网上发了个帖子，抱怨说在携程上预订宾馆的价格有点小贵。这引起了季琦的注意，他对携程网上的订房数据情况做了分析，发现客房价格比较便宜的经济型连锁酒店卖得特别好。经过深入的市场调研，季琦发现，相当数量的业务出差人员为企业中、低职位员工，出差补贴都有一定额度，通常一天吃住总额在二三百元上下；另外，假日期间，为数众多的散客旅游也偏向于选择物美价廉的居住场所，舒适享受退居次要地位，简洁干净成为首要条件。季琦马上抓住了这个创业机会，利用携程庞大的订房网络、运营能力，搞经济型酒店连锁经营。2002 年，季琦创办了"如家"经济型连锁酒店，并很快保持高利润率。他后来离开"如家"创办"华住汉庭"，也有不少大数据优化运营的影子。

今后企业的竞争，将是拥有数据规模和活性的竞争，将是对数据解释和运用的竞争。最直接的例子来自阿里平台，尤其是曾经创下"巨大声誉"的阿里询盘指数。通常而言，买家在采购商品前，会比较多家供应商的产品，反映到阿里巴巴网站统计数据中，就是查询点击的数量和购买点击的数量会保持一个相对的数值。统计历史上所有买家、卖家的询价和成交的数据，可以形成询盘指数和成交指数。这两个指数是强相关的。询盘指数是前兆性的，前期询盘指数活跃，就会保证后期一定的成交量。当询盘指数异乎寻常地下降时就要引起经营者的关注。2008年初，马云观察到询盘指数异乎寻常地下降，推测未来成交量会萎缩，提前呼吁、帮助成千上万的中小制造商准备过冬粮，从而赢得了崇高的声誉。此外，淘宝数据魔方是淘宝平台上的大数据应用方案。通过这一服务，商家可以了解淘宝平台上的行业宏观情况、自己品牌的市场状况、消费者行为情况等，并可以据此做出经营决策。

可以说，拥有大量的数据，并善加运用的公司，必将赢得未来！

1.3　大数据时代处理数据理念的改变

1.3.1　要全体不要抽样

在大数据时代，我们可以分析更多的数据，有时甚至可以处理和某个特别现象相关的所有数据，而不再依赖于随机采样。

传统的调查方式都是抽样的，抽取有限的样本进行统计，从而得出整体的趋势来，之所以选择抽样而不是统计全部数据，只有一个原因，那就是全部数据的数量太多了，根本没法操作。抽样的核心原则就是随机性，不随机就不能反映整体趋势性。抽样随机性的道理谁都知道，但要做到随机性其实是很难的。例如，电视收视率调查，要从不同阶层随机找被调查人，但是高学历高收入的大忙人普遍拒绝被调查，他们根本就不会为几个赠品而耽误时间，愿意接受调查的多是整天闲得无聊的低收入者，电视收视率的调查结果就可想而知了。所以真正实现采样的随机性非常困难。一旦采样过程中存在任何偏见，分析结果就会相去甚远。

互联网电视普及后，为大数据的采集带来了新手段。还以电视收视率调查为例，每一部电视正在收看什么节目的信息会毫无遗漏地发送到调查中心，对全部数据进行统计分析，其结果会变得更加准确。

之前由于数据处理技术所限，我们不能使用更多的数据，因此就不会去要求更多的数据。随着大数据处理技术的出现，数据量的限制正在逐渐消失，而且通过无限接近"样本=总体"的方式来处理数据，我们会获得极大的好处。

1.3.2　要效率不要绝对精确

传统的数据分析的思路是"宁缺毋滥"，因为传统小数据分析的数据量本身并不大，任何一个错误数据都有可能对结果产生相对较大的负面影响。对错误数据必须花大精力去清除，这是小数据时代必须坚持的原则。

大数据时代的原则就变了，变成了要效率不要精确。并不是说精确不好，而是说这个注重效率和成本的时代，如果继续把排除错误数据作为重要工作，那么大数据分析就进行不下去了。

如果我们掌握的数据越来越全面，已经不是只包括我们手头相关现象的一点点可怜的数据，而是包括了与这些现象相关的大量甚至全部数据，那么我们不再需要过分担心某个数据点对整套分析的不利影响。

举个例子，谷歌的翻译之所以更好并不是因为它拥有一个更好的算法机制，而是因为谷歌翻译增加了很多各种各样的数据。从谷歌翻译的例子来看，它之所以能够重复利用成千上万的数据，是因为它接受了有错误的数据。2006 年，谷歌发布的上万亿的语料库就是来自于互联网的一些废弃内容。这就是"训练集"，可以正确地推算出英语词汇搭配在一起的可能性。虽然谷歌翻译的语料库的内容来自于未经过滤的网页内容，会包含一些不完整的句子、拼写错误、语法错误，也没有详细的人工纠错后的注解，但是谷歌语料库是其他语料库的好几百万倍，这样的优势完全压倒了缺点。

所以说，在大数据时代我们要能够容忍错误。大数据分析的目标在于预测，要学会在瞬息万变的信息中掌握趋势，为下一刻的决策提供依据。

1.3.3 要相关不要因果

大数据时代最大的转变就是放弃对因果关系的渴求，取而代之的是关注相关关系。相关关系的核心是量化两个数据值之间的数理关系。相关关系强是指当一个数据值增加时，另一个数据值很有可能也会随之增加。如果 A 和 B 经常一起发生，我们只需要注意到 B 发生了，就可以预测 A 也发生了。这有助于我们捕捉可能和 A 一起发生的事情，即使我们不能直接测量或观察到 A。只要知道"是什么"，而不需要知道"为什么"。这是对千百年来人类思维惯例的颠覆。

例如，老张开了一个包子铺，有时做少了不够卖，有时做多了没卖完，两头都是损失。老张琢磨着买包子的都是街坊，他们买包子是有规律的，例如老王只在周末买，因为闺女周末会来看他，而且闺女就爱吃包子。于是老张每卖一次就记一次账，谁在哪天买了几笼包子，并试图找出每个街坊的买包子规律。

数据虽然越记越多，但老张啥规律也没找出来，即使是老王也都没准，好几个周末都没来买，因为他闺女有事没来。有个人给老张支招，你甭记顾客，就记每天卖了多少笼就行，这个法子明显简单有效，很容易就看出了周末比平时会多卖两笼的规律。

这个例子虽然简单，却道出了大数据的一个重要特点：相关关系比因果关系更重要。周末与买包子人多就是相关关系，但为什么多呢？是因为老王闺女这样的周末来吃包子的人多，还是周末大家都不愿意做饭呢？对这些可能性不必探究，因为即使探究往往也搞不清楚，只要获得了周末买包子的人多，能正确地指导老张在周末多包上两笼，这就行了。

我们理解世界不再需要建立在假设的基础上，我们不需要了解航空公司怎样给机票定价，也不需要知道超市顾客的烹饪喜好，取而代之的是对大数据进行相关关系分析，从而知道暑期飞机票价格会飙升、台风期间待在家里的人最想吃的食物是什么……我们用数据驱动的关于大数据的相关关系分析法取代了基于假想的易出错的方法。大数据的相关关系分析法更准确、更快，而且不易受偏见的影响。

要相关不要因果，这是大数据思维的重要变革。以前数据处理的目标更多的是追求对因果性的寻找，人们总是习惯性地要找出一个原因，然后心里才能踏实，而这个原因是否是真实的却往往无法核实，并且虚假原因对面向未来的决策来说是有害无益的。承认很多事情是没有原因的，这是人类思维方式的一个重大进步。

1.4　大数据时代的关键技术

大数据时代的关键技术一般包括大数据采集、大数据预处理、大数据存储及管理、大数据分析及挖掘、大数据可视化展现等。

（1）大数据采集技术

大数据采集是指通过对社交网络交互数据、移动互联网数据、RFID 射频数据以及传感器数据的收集，获得各种类型的结构化、半结构化（或称之为弱结构化）及非结构化的海量数据。大数据采集是大数据知识服务模型的根本。重点要突破分布式、高速、高可靠数据爬取等大数据采集技术。

（2）大数据预处理技术

大数据预处理技术主要完成对已接收数据的抽取、清洗等操作。因获取的数据可能具有多种结构和类型，数据抽取能帮助我们从各种异构的源数据源系统抽取到目的数据源系统需要的数据。大数据并不全是有价值的，有些数据并不是我们所关心的内容，而另一些数据则是完全错误的干扰项，因此要对数据进行过滤"去噪"，从而提取出有效数据。

（3）大数据存储及管理技术

大数据存储与管理要用存储器把采集到的数据存储起来，并进行管理和调用。重点解决复杂结构化、半结构化和非结构化大数据存储管理技术。主要解决大数据的可存储、可靠性及有效传输等几个关键问题。可靠的分布式文件系统（DFS）是高效低成本的大数据存储技术。

（4）大数据分析及挖掘技术

大数据挖掘就是从大量的、不完全的、有噪声的、模糊的、随机的实际应用数据中提取隐含在其中的、人们事先不知道的但又是潜在有用的信息和知识的过程。大数据挖掘根据挖掘方法可粗略地分为机器学习方法、统计方法、神经网络方法和数据库的多维数据分析方法等，它能够将隐藏于海量数据中的信息和知识挖掘出来。

（5）大数据可视化展现技术

大数据可视化无论对于普通用户或是数据分析专家都是最基本的功能。大数据可视化可以让数据自己说话，让用户直观地感受到结果，也可以让数据分析师根据图像化分析的结果做出一些前瞻性判断。

1.5　大数据时代的典型应用案例

1.5.1　塔吉特超市精准营销案例

美国明尼苏达州一家塔吉特超市门店被客户投诉，一位中年男子指控塔吉特将婴儿产品优惠券寄给他的女儿（一个高中生）。但没过多久他却来电道歉，因为女儿经他逼问后坦承自己真的怀孕了。

原来孕妇对零售商来说是一个含金量很高的顾客群体,塔吉特百货就是靠着分析用户所有的购物数据,然后通过相关关系分析得出事情的真实状况。在美国,出生记录是公开的,等孩子出生了,新生儿母亲就会被铺天盖地的产品优惠广告包围,那时再行动就晚了,因此必须赶在孕妇怀孕前期就行动起来。塔吉特的顾客数据分析部门发现,怀孕的妇女一般在怀孕第三个月的时候会购买很多无香乳液。几个月后,她们会购买镁、钙、锌等营养补充剂。根据数据分析部门提供的模型,塔吉特制订了全新的广告营销方案,在孕期的每个阶段给客户寄送相应的优惠券。结果,孕期用品销售呈现了爆炸性的增长。塔吉特的销售额暴增,大数据的巨大威力轰动了全美。

这个案例说明大数据在精准营销上的成功,利用大数据技术分析客户消费习惯,了解其消费需求,达到精确营销的目的。这种营销方式的关键在于时机的把握上,要正好在客户有相关需求时才进行营销活动的精准推送,这样才能保证较高的成功率。

1.5.2 谷歌流感趋势案例

谷歌公司启动的 GFT 项目,目标是预测美国疾控中心(CDC)报告的流感发病率。谷歌基于用户搜索日志(其中包括搜索关键词、用户搜索频率以及用户 IP 地址等信息)的汇总信息,成功"预测"了流感病人的就诊人数。

美国 CDC 疾控中心统计美国本土各个地区的疾病就诊人数,然后汇总再公布出来,一般要延迟两周左右。就是说当天流感的全国就诊人数要在两周之后才知道,谷歌就利用它的搜索引擎搭建了一个预测平台,把这个数据提前公布出来。我们都知道"越及时的数据,价值越高",所以谷歌的工作无论是在公共管理领域还是商业领域都具有重大的意义。

谷歌对于数据的处理只用了很简单的 Logistic 回归关系,却成功地预测了复杂的流感规模的问题。谷歌用简单的方法预测了复杂的问题,根本原因就在于谷歌的数据量大,它有着世界上最大的搜索引擎,每个用户的搜索行为痕迹都存在谷歌的数据库里。

1.5.3 证券行业案例

在大数据技术诞生之前,市场情绪始终无法进行量化。东亚尤其是中国的股票类证券投资市场仍以散户为主,因此市场受投资者情绪和宏观政策性因素影响很大。而个人投资者行为可以更多地反映在互联网用户行为大数据上,从而为有效地预测市场情绪和趋势提供了可能。大数据技术通过收集并分析社交网络如微博、朋友圈、专业论坛等渠道上的结构化和非结构化数据,形成市场主观判断因素和投资者情绪打分,从而量化股价中人为因素的变化预期。市场投资情绪量化是在传统量化策略基础上的创新产物。

2011 年 5 月,英国诞生了一个规模为 4000 万美金的对冲基金 Derwent Capital Markets,该基金是首家基于社交网络的对冲基金,通过分析 Twitter 的数据内容来感知市场情绪,从而用于指导投资。而国内的广发中证百度百发策略 100 指数型证券投资基金是国内首只互联网大数据基金,最大的特点是它将大数据因子纳入量化选股模型。通过互联网用户行为大数据反映的投资市场情绪、宏观经济预期和走势,成为百发 100 指数模型引入大数据因子的重点。

1.5.4 某运营商大数据平台案例

众所周知，用户的上网行为中蕴含着大量的客户特征和客户需求信息，这些信息至关重要，而又是传统的 CDR 话单分析所不能提供的。因此，这就要求用户的上网日志记录必须被保存，而且需要进行数据分析挖掘处理，然后根据处理结果定义用户的行为习惯，为运营商业务部门提供重要的营销依据。上网数据是一个典型的大数据。采用什么方式进行存储和检索是一个大问题，此前运营商采用的架构方式是 IOE 的架构，但是它解决不了我们的问题。存储这么大规模量的数据，以后超越了可管理容量的上限。在做查询的时候，关系型数据库对大规模数据做操作的时候性能是严重下降的。

传统 IOE 方式用来存储这么大的上网记录已经不可能了，需要采用大数据技术 Hadoop 来解决。Hadoop 本身的底层核心组件之一是分布式文件系统 HDFS，可以解决海量数据如何存储的问题。另外一个核心组件 MapReduce 计算框架解决了海量数据如何计算的问题。此外，构建于 HDFS 之上的 HBase 分布式数据库处理海量数据的入库速度和检索速度非常迅速。目前运营商已构建了一个全国集中的一级架构海量数据存储和查询系统，在集团公司范围内进行统一部署，各个省份仅仅是做数据的采集，按照业务实时性将数据传送到集团公司，由集团公司统一处理，全国所有用户所有上网记录数据都放北京数据中心里。截至目前已经部署了 4.5PB 的存储空间，分布在 300 个数据节点上，系统每天有能力处理 700 亿条上网记录。

1.6　Hadoop 概述和介绍

1.6.1　Hadoop 发展历史和应用现状

Hadoop 最初是开始于 2002 年的 Apache 的 Nutch 项目。Nutch 是一个开源 Java 实现的搜索引擎，它遇到的难题是，在抓取 Web 数据时如何保存和使用这些庞大的数据。随后 Google 在 2003 年发表了一篇技术学术论文谷歌文件系统（GFS，Google File System，是 Google 公司为了存储海量搜索数据而设计的专用文件系统）。2004 年 Nutch 创始人 Doug Cutting 模仿 Google 的 GFS 论文实现了分布式文件存储系统 NDFS。

2004 年 Google 又发表了一篇技术学术论文 MapReduce（一种分布式编程模型，用于大规模数据集的并行分析运算）。2005 年 Doug Cutting 基于 MapReduce 的思想，在 Nutch 搜索引擎实现了该功能。2006 年，Yahoo 邀请 Doug Cutting 加盟，Doug Cutting 将 NDFS 和 MapReduce 升级命名为 Hadoop。2008 年 1 月，Hadoop 正式成为 Apache 的顶级项目，开始被雅虎之外的其他公司使用。2009 年，Yahoo 使用 4000 节点的机群运行 Hadoop，支持广告系统和 Web 搜索的研究。Facebook 的 Hadoop 机群扩展到数千个节点，用于存储内部日志数据，支持其上的数据分析和机器学习。淘宝的 Hadoop 系统达到千台规模，用于存储并处理电子商务的交易相关数据。

Hadoop 改变了企业对数据的存储、处理和分析的过程，加速了大数据的发展，形成了自己非常火爆的技术生态圈，成为事实上的大数据处理标准。

1.6.2 Hadoop 的特点

Hadoop 是一个能够对大规模数据进行分布式处理的基础框架，用户可以在不了解分布式底层细节的情况下开发分布式程序，并充分利用集群的威力进行计算和存储。它具有如下特点：

（1）低成本：可以通过普通机器组成的服务器集群来分发以及处理数据。

（2）高可扩展性：集群可以很容易扩展到数千个计算机节点。

（3）高效率：Hadoop 采用分布式存储和分布式计算处理两大核心技术，通过分发数据，在数据所在的节点上并行地高效处理它们。

（4）高可靠性：Hadoop 能自动地维护数据的多份复制，并且在任务失败后能自动地重新部署计算任务。

1.6.3 Hadoop 的生态系统

早期的 Hadoop（包括 Hadoop v1.0 以及更早之前的版本）主要由两个核心组件构成：HDFS 和 MapReduce。其中，HDFS 分布式文件系统是 Google GFS 的开源版本，MapReduce 分布式计算框架实现了由 Google 工程师提出的 MapReduce 编程模型。还有一些围绕在 Hadoop 周围的开源项目，为完善大数据处理的全生命周期提供了必要的配套和补充。这些软件常用的有 ZooKeeper（分布式协调服务）、Hive（基于 Hadoop 的数据仓库工具）、HBase（实时分布式数据库）、Pig（数据流语言和运行环境）、Flume（日志采集工具）、Sqoop（Hadoop 和关系数据库导入导出工具）、Mahout（数据挖掘工具）等，如图 1-1 所示。

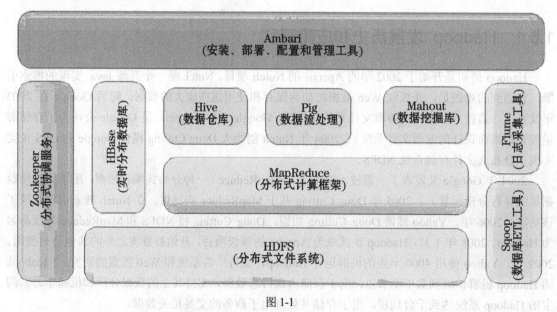

图 1-1

2012 年 5 月，Hadoop v2.0 版本发布，其中重要的变化是在 Hadoop 核心组件中增加了 YARN，YARN 的出现是为了把计算框架与资源管理彻底分离，解决 Hadoop v1.0 由此带来的扩展性差、单点故障和不能同时支持多种计算框架的问题，至此 Hadoop 与 Google 的大数据平台比肩。

Hadoop 是一个开源项目，先后有许多公司在其框架基础上进行了增强并且发布了商业版本。Hadoop 商业发行版的提供者通过优化核心代码、增强易用性、提供技术支持和持续版本升级为 Hadoop 平台实现了许多新功能。市场上受认可的 Hadoop 商业发行版的提供者主要有 Cloudera、MapR 和 Hortonworks，它们发行的 Hadoop 商业版本都能与 Apache 社区开源版本兼容。Cloudera 于 2008 年成为第一个 Hadoop 商业化公司，并在 2009 年推出第一个 Hadoop 商业发行版。

Cloudera 是 Hadoop 领域知名的公司和市场领导者，提供了市场上第一个 Hadoop 商业发行版本。在多个创新工具的贡献者排行榜中名列榜首。它的系统管控平台 Cloudera Manager 非常容易使用，界面清晰，是监控和部署大数据集群的最佳平台。Cloudera 除了提供免费版本（拥有核心管理监控功能和群集节点数目无限制）的下载，还为付费客户提供功能增强企业版本。企业版提供在企业生产环境中运行 Hadoop 所必需的运维功能，如无宕机滚动升级、灾备、数据治理审计等。

现在主流的公有云都已经在原有提供虚拟机的 IaaS 服务之外提供了基于 Hadoop 的 PaaS 云计算服务，未来这块市场的发展将超过私有 Hadoop 的部署。

第 2 章

Cloudera 大数据平台介绍

由于 Hadoop 深受客户欢迎，因此许多公司都推出了各自版本的 Hadoop，也有一些公司围绕 Hadoop 开发产品。在 Hadoop 生态系统中，规模最大、知名度最高的公司是 Cloudera。2008 年成立的 Cloudera 是最早将 Hadoop 商用的公司，为合作伙伴提供 Hadoop 的商用解决方案。Cloudera 企业解决方案包括 Cloudera Hadoop 发行版（Cloudera Distribution Hadoop，CDH）、Cloudera Manager（CM）等。概括起来说，Cloudera 提供一个可伸缩的、稳定的、综合的企业级大数据管理平台，它拥有最多的部署案例，提供强大的部署、管理和监控工具。

2.1 Cloudera 简介

众所周知，Hadoop 是一个开源项目，所以很多公司在这个基础上进行商业化，在 Hadoop 生态系统中，规模最大、知名度最高的公司则是 Cloudera，目前 Intel 已经成为 Cloudera 最大的战略股东。Cloudera 的客户有很多知名公司，如哥伦比亚广播公司、eBay、摩根大通、迪士尼等。

Cloudera 提供一个可扩展的、灵活的、集成的企业级大数据管理平台，可用来方便地管理你的企业中快速增长的多种多样的数据。业界领先的 Cloudera 产品和解决方案使你能够部署并管理 Apache Hadoop 及其相关项目、操作和分析你的数据，以及保护数据的安全。

Cloudera 提供下列产品和工具：

（1）CDH：Cloudera 分发的 Apache Hadoop 和其他相关开放源代码项目，包括 Impala 和 Cloudera Search。CDH 还提供安全保护以及与许多硬件和软件解决方案的集成。

（2）Cloudera Impala：一种 MPP（大规模并行处理） SQL 引擎，用于交互式查询分析。它非常适合用于具有连接、聚合和子查询的传统 BI 商业智能的查询。它可以查询来自各种源的 Hadoop 数据文件，包括由 MapReduce 作业生成的数据文件或加载到 Hive 表中的数据文件。你可以通过 Cloudera Manager 用户界面管理 Impala 及其他 Hadoop 组件，并通过 Sentry 授权框架保护其数据。

（3）Cloudera Search：提供近实时访问已存储的数据，或者摄取数据到 Hadoop 以及 HBase 中去。Search 提供了近实时的索引、批量索引、全文检索和 Drill-Down（下钻）的导航，以及一个简单的全文检索的接口，只需要一些 NoSQL 或者编程基础（技能）即可使用。完全集成的数据处理平台 Search 使用了在 CDH 中灵活的、可扩展的、可靠的存储系统。这样就不再需要在基础设施层或者业务层移动大量的数据了，也不需要产生新的任务。

（4）Cloudera Manager：一个复用于部署、管理和监控 CDH 大数据平台的应用程序。Cloudera Manager 提供 Admin Console，这是一种基于 Web 的用户界面，使得企业数据管理更加容易方便。Cloudera Manager 易于升级和安装 Hadoop 组件，还提供了在几分钟之内建立集群主节点的高可用（High Availability）。它还包括 Cloudera Manager API，可用来获取群集运行状态信息以及配置 Cloudera Manager。

（5）Cloudera Navigator：定位为 Hadoop 提供数据管理和监管的工具，它简化了存储和密钥的管理。Cloudera Navigator 中强大的数据审计和数据保护使企业能够满足严格的规范限制并遵从相关法规。

2.2 Cloudera 的 Hadoop 发行版 CDH 简介

2.2.1 CDH 概述

Cloudera 提供了 Hadoop 的商业发行版 CDH，能够十分方便地对 Hadoop 集群进行安装、部署和管理。如图 2-1 所示，CDH 是 Cloudera 发布的一个自己封装的 Hadoop 商业版软件发行包，里面不仅包含了 Cloudera 的商业版 Hadoop，同时 CDH 中也包含了各类常用的开源数据处理与存储框架，如 Spark、Hive、HBase 等。

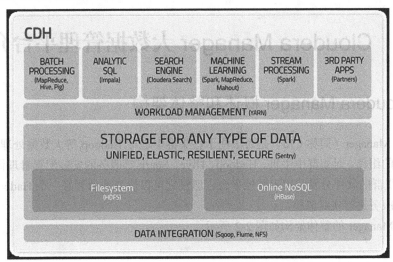

图 2-1

部署 Hadoop 群集的时候，可以选择 Cloudera Express 免费版本。这个版本包含了 CDH 以及 Cloudera Manager 核心功能，提供了对集群的管理功能，比如自动化部署、中心化管理、监控、诊断功能等。另外，Cloudera Express 免费版本对群集节点数目是无限制的。收费的 Cloudera Enterprise 拥有高级管理功能，如提供商业技术支持、自动化备份和灾难恢复、记录配置历史及回滚等，而这些功能 Cloudera Express 则没有。

2.2.2 CDH 和 Apache Hadoop 对比

Hadoop 大致可分为 Apache Hadoop 和第三方发行版 Hadoop。考虑到 Hadoop 集群部署的高效性、集群的稳定性以及后期集中的配置管理，业界大多使用 Cloudera 公司的发行版 CDH。

Apache Hadoop 社区版本虽然完全开源免费，但是也存在诸多问题：

（1）版本管理比较混乱，让人有些无所适从。

（2）集群部署配置较为复杂，通常按照集群需要编写大量的配置文件，分发到每一台节点上，容易出错，效率低下。

（3）对集群的监控、运维，需要安装第三方的其他软件，运维难度较大。

（4）在 Hadoop 生态圈中，组件的选择和使用，比如 Hive、Mahout、Sqoop、Flume、Spark、Oozie 等，需要大量考虑兼容性的问题，经常会浪费大量的时间去编译组件，解决版本冲突问题。

CDH 版本的 Hadoop 的优势在于：

（1）基于 Apache 协议，100%开源，版本管理清晰。

（2）在兼容性、安全性、稳定性上比 Apache Hadoop 有大幅度的增强。

（3）运维简单方便，对于 Hadoop 集群提供管理、诊断、监控、配置更改等功能，使得运维工作非常高效，而且群集节点越多，优势越明显。

（4）CDH 提供成体系的文档、很多大公司的应用案例以及商业支持等。

2.3 Cloudera Manager 大数据管理平台介绍

2.3.1 Cloudera Manager 概述和整体架构

Cloudera Manager（简称 CM）是为了便于在集群中进行 Hadoop 等大数据处理相关的服务安装和监控管理的组件，对集群中主机、Hadoop、Hive、Spark 等服务的安装配置管理做了极大简化。它是 Hadoop 集群的软件分发及管理监控平台，通过它可以快速地部署好一个 Hadoop 集群，并对集群的节点及服务进行实时监控。

Cloudera Manager 的整体架构如图 2-2 所示。

第 2 章 Cloudera 大数据平台介绍 | 13

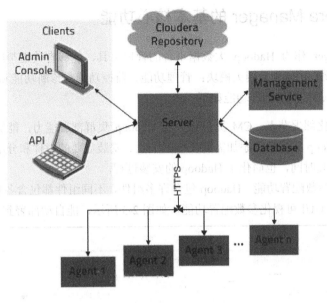

图 2-2

Cloudera Manager 的核心是 Cloudera Manager Server，它包括以下组件。

- **Server**：托管 Admin Console Web Server 和应用程序逻辑。它负责安装软件、配置、启动和停止服务以及管理运行服务的群集。
- **Agent**：安装在每台主机上。它负责启动和停止进程，解压缩配置，触发安装和监控主机。默认情况下，Agent 每隔 15 秒向 Cloudera Manager Server 发送一次检测信号。但是，为了减少用户延迟，在状态变化时会提高频率。如果 Agent 停止检测信号，主机将被标记为运行状况不良。
- **Management Service**：执行各种监控、报警和报告功能的一组角色的服务。
- **Database**：存储配置和监控信息。
- **Cloudera Repository**：可供 Cloudera Manager 分配的软件的存储库（repo 库）。
- **Client**：用于与服务器进行交互的接口。
- **Admin Console**：管理员控制台。
- **API**：Cloudera 产品具有开发的特性，所有在 Cloudera Manager 界面上提供的功能，通过 API 都可以完成同样的工作，这些 API 都是标准的 REST API。开发人员使用 API 甚至可以创建自定义的 Cloudera Manager 应用程序。

Cloudera Management Service 可作为一组角色实施各种管理功能：

- **Activity Monitor**：收集有关服务运行活动的信息。
- **Host Monitor**：收集有关主机的运行状况和指标信息。
- **Service Monitor**：收集有关服务的运行状况和指标信息。
- **Event Server**：聚合组件的事件并将其用于警报和搜索。
- **Alert Publisher**：为特定类型的事件生成和提供警报。
- **Reports Manager**：生成图表报告，提供用户、用户组的目录的磁盘使用率、磁盘 IO 等历史视图。

2.3.2 Cloudera Manager 的基本核心功能

Cloudera Manager 作为 Hadoop 大数据平台的管理工具，能够有效地帮助用户更容易地使用 Hadoop。它的基本核心功能分为四大模块：管理功能、监控功能、诊断功能和集成功能。

Cloudera Manager 提供的管理功能如下：

（1）批量自动化部署节点：CM 提供强大的 Hadoop 集群部署能力，能够批量地自动化部署节点。安装一个 Hadoop 集群只需添加需要安装的节点、安装需要的组件和分配角色这三步，大大缩短了 Hadoop 的安装时间，也简化了 Hadoop 的安装过程。

（2）可视化的参数配置功能：Hadoop 包含许多组件，不同组件都包含各种各样的 XML 配置文件。CM 提供界面 GUI 可视化参数配置功能，如图 2-3 所示，能自动部署到每个节点。

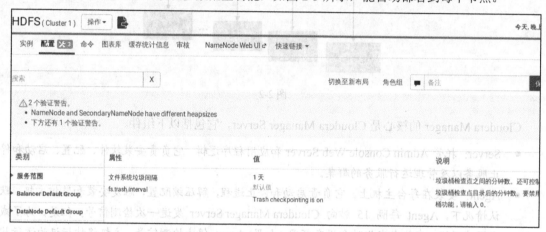

图 2-3

（3）智能参数验证以及优化：当用户配置部分参数值有问题时，CM 会给出智能错误提示，帮助用户更合理地修改配置参数，如图 2-4 所示。

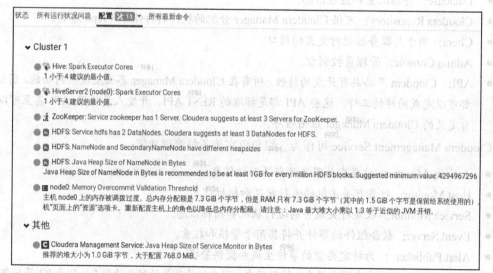

图 2-4

（4）高可用配置：CM 对关键的组件使用 HA 部署，如 NameNode 高可用可以通过 CM 的 Web 管理界面，根据向导启用 HDFS HA，如图 2-5 所示。

图 2-5

（5）权限管理：提供不同级别的管理权限，比如只读用户访问 Cloudera Manager 的界面时，所有服务对应的启停等操作选项都不可用，如图 2-6 所示。

图 2-6

Cloudera Manager 提供的监控功能如下：

（1）服务监控：查看服务和实例级别健康检查的结果，对设置的各种指标和系统运行情况进行全面监控，如图 2-7 所示。如果任何运行状况测试是不良（Bad），则服务或者角色的状态就是不良（Bad）。如果任何运行状况测试是存在隐患（Concerning，没有任何一项是不良（Bad）），则角色或者服务的状况就是存在隐患（Concerning），而且系统会对管理员应该采取的行动提出建议，如图 2-8 所示。

图 2-7

图 2-8

（2）主机监控：监控群集内所有主机的有关信息，包括主机上目前消耗的内存、主机上运行的角色分配等，如图 2-9 所示，不但显示所有群集主机的汇总视图，而且能进一步显示单个主机关键指标详细视图。

Status	Name	IP	Roles	Commission State	Last Heartbeat	Load Average	Disk Usage	Physical Me
●	node0	10.10.75.100	18 Role(s)	Commissioned	4.76s ago	0.89 1.28 1.38	26 GiB / 215.6 GiB	5.7 GiB / 7
●	node1	10.10.75.101	5 Role(s)	Commissioned	6.89s ago	0.00 0.00 0.00	20 GiB / 215.6 GiB	1.2 GiB / 5

图 2-9

(3)行为监控:CM 提供了列表和图表来查看群集上进行的活动,不仅显示当前正在执行的任务行为,还可以通过仪表盘查看历史活动。

(4)事件活动:监控界面可以查看事件,系统管理员可以通过时间范围、服务、主机、关键字等字段信息过滤事件。

(5)报警:通过配置 CM 可以对指定的事件产生警报,并通过电子邮件或者 SNMP 的事件得到制定的警报通知。

(6)日志和报告:可以轻松点击一个链接查看相关的特定服务的日志条目,并且 Cloudera Manager 可以将收集到的历史监控数据统计生成报表。

Cloudera Manager 提供的诊断功能如下:

(1)周期性服务诊断:CM 会对集群中运行的服务进行周期性的运行状况测试,以检测这些服务的状态是否正常。如果有异常情况,就会进行告警,有利于更早地让用户感知集群服务存在的问题,如图 2-10 所示。

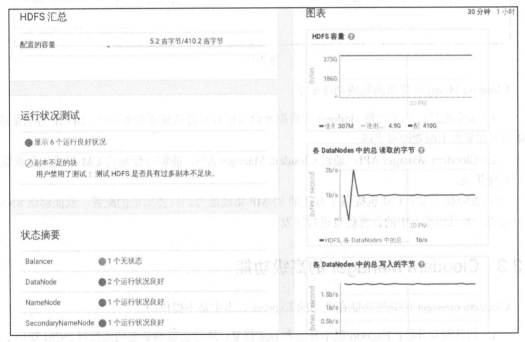

图 2-10

(2)日志采集及检索:对于一个大规模的集群,CM 提供了日志的收集功能,能够通过统一的界面查看集群中每台机器、各项服务的日志,并且能够根据日志级别等不同的条件进行检索,如图 2-11 所示。

(3)系统性能使用报告: CM 能够产生系统性能使用报告,包括集群的 CPU 使用率、单节点的 CPU 使用率、单个进程的 CPU 使用率等各项性能数据,这对于 Hadoop 集群的性能调试很重要。

图 2-11

Cloudera Manager 提供的集成功能如下：

（1）安全配置：为了方便 Hadoop 大数据平台与原有身份认证系统如 AD、LDAP 等的集成，CM 只需在界面上配置即可完成。

（2）Cloudera Manager API：通过 Cloudera Manager API，能够方便地将 CM 集成到企业原有管理系统集成。

（3）SNMP 集成：CM 也提供了方便的 SNMP 集成能力，只要简单的配置，就能够将 SNMP 进行集成，并且将集群中的告警信息进行转发。

2.3.3　Cloudera Manager 的高级功能

Cloudera manager 的高级功能在免费的 Express 版本中是不提供的。

（1）软件滚动升级：Hadoop 版本升级和 bug 修复，通常会影响业务的连续性。CM 提供了滚动升级的功能，支持 Hadoop 平台进行升级时继续对外提供服务以及应用。

（2）参数版本控制：任何时候进行配置修改并保存之后，Cloudera Manager 会对该配置生成一个版本。Cloudera Manager 支持查看历史配置，并能回滚到不同版本，从而为集群恢复、问题诊断等提供了可靠的依据和方便的工具。

（3）备份及容灾系统 BDR：Cloudera 为 Hadoop 平台提供了一个集成的、易用的灾备解决方案。BDR 为灾备方案提供了丰富的功能，CM 为 BDR 提供了完整的用户界面，实现界面化的数据备份与灾难恢复。

（4）数据审计：Cloudera Navigator 的审计功能支持对于数据的审计和访问。

（5）安全集成向导：启用 Kerberos 集成和外部安全认证集成，如支持通过内部数据库和外部服务进行用户认证。

2.4 Cloudera 平台参考部署架构

按照 Cloudera 官方手册，这里归纳总结出 Cloudera 大数据平台参考部署的架构指导。

2.4.1 Cloudera 的软件体系结构

Cloudera 的软件体系结构中包含系统部署和管理，数据存储，资源管理，处理引擎，安全，数据管理，工具仓库以及访问接口模块。一些关键组件的角色信息如表 2-1 所示。

表 2-1 Cloudera 一些关键组件的角色信息

模块	组件	管理角色	工作角色
系统部署和管理	Cloudera Manager	Cloudera Manager server	Cloudera Manager Agent
		Host monitor	
		Service monitor	
		Reports manager	
		Event server	
数据存储	HDFS	NameNode	DataNode
		SecondaryNameNode	
		JournalNode	
		FailoberController	
	HBase	HBase Master	RegionServer
资源管理	YARN	ResourceManager	NodeManager
		Job HistoryServer	
处理引擎	Spark	History Server	
	Impala	Impala Catalog Server	Impala Daemon
		Impala StateStore	
	Search		Solr Server
安全、数据管理	Sentry	Sentry Server	
	Cloudera navigator	Navigator keyTrustee	
		Navigator Metadata Server	
		Nagivator Audit Server	
数据仓库	Hive	Hive Metastore	
		Hive Server2	

2.4.2 群集硬件规划配置

集群服务器按照节点承担的任务分为管理节点和工作节点。管理节点上一般部署各组件的管理角色，工作节点一般部署有各角色的存储、容器或计算角色。根据业务类型不同，集群具体配置也有所区别。

（1）实时流处理服务集群：由于性能的原因，Hadoop 实时流处理对节点内存和 CPU 有较高要求，基于 Spark Streaming 的流处理消息吞吐量可随着节点数量增加而线性增长，配置可参考图 2-12。

	管理节点	工作节点
处理器	两路 Intel®至强处理器，可选用 E5-2630 处理器	两路 Intel®至强处理器，可选用 E5-2660 处理器
内核数	6 核/CPU（或者可选用 8 核/CPU），主频 2.3GHz 或以上	6 核/CPU（或者可选用 8 核/CPU），主频 2.0GHz 或以上
内存	128GB ECC DDR3	128GB ECC DDR3
硬盘	2 个 2TB 的 SAS 硬盘（3.5 寸），7200RPM，RAID1	4-12 个 4TB 的 SAS 硬盘（3.5 寸），7200RPM，不使用 RAID
网络	至少两个 1GbE 以太网电口，推荐使用光口提高性能。可以两个网口链路聚合提供更高带宽。	至少两个 1GbE 以太网电口，推荐使用光口提高性能。可以两个网口链路聚合提供更高带宽。
硬件尺寸	1U 或 2U	1U 或 2U
接入交换机	48 口千兆交换机，要求全千兆，可堆叠	
聚合交换机（可选）	4 口 SFP+万兆光纤核心交换机，一般用于 50 节点以上大规模集群	

图 2-12

（2）在线分析业务集群：在线分析业务一般基于 Impala 等 MPP SQL 引擎，复杂的 SQL 计算对内存容量有较高要求，因此需要配置 128GB 甚至更多的内存。硬件参考规划如图 2-13 所示。

	管理节点	工作节点
处理器	两路 Intel®至强处理器，可选用 E5-2630 处理器	两路 Intel®至强处理器，可选用 E5-2650 处理器
内核数	6 核/CPU（或者可选用 8 核/CPU），主频 2.3GHz 或以上	6 核/CPU（或者可选用 8 核/CPU），主频 2.0GHz 或以上
内存	128GB ECC DDR3	128GB - 256GB ECC DDR3
硬盘	2 个 2TB 的 SAS 硬盘（3.5 寸），7200RPM，RAID1	12 个 4TB 的 SAS 硬盘（3.5 寸），7200RPM，不使用 RAID
网络	至少两个 1GbE 以太网电口，推荐使用光口提高性能。可以两个网口链路聚合提供更高带宽。	至少两个 1GbE 以太网电口，推荐使用光口提高性能。可以两个网口链路聚合提供更高带宽。
硬件尺寸	1U 或 2U	2U
接入交换机	48 口千兆交换机，要求全千兆，可堆叠	
聚合交换机（可选）	4 口 SFP+万兆光纤核心交换机，一般用于 50 节点以上大规模集群	

图 2-13

（3）云存储业务集群：云存储业务主要面向海量数据和文件的存储和计算，强调单节点存储容量和成本，因此配置相对廉价的 SATA 硬盘，满足成本和容量需求。硬件规划配置如图 2-14 所示。

	管理节点	工作节点
处理器	两路 Intel® 至强处理器，可选用 E5-2630 处理器	两路 Intel® 至强处理器，可选用 E5-2660 处理器
内核数	6 核/CPU（或者可选用 8 核/CPU），主频 2.3GHz 或以上	6 核/CPU（或者可选用 8 核/CPU），主频 2.0GHz 或以上
内存	128GB ECC DDR3	48GB ECC DDR3
硬盘	2 个 2TB 的 SAS 硬盘（3.5 寸），7200RPM，RAID1	12-16 个 6TB 的 SATA 硬盘（3.5 寸），7200RPM，不使用 RAID
网络	至少两个 1GbE 以太网电口，推荐使用光口提高性能。可以两个网口链路聚合提供更高带宽。	至少两个 1GbE 以太网电口，推荐使用光口提高性能。可以两个网口链路聚合提供更高带宽。
硬件尺寸	1U 或 2U	2U 或 3U
接入交换机	48 口千兆交换机，要求全千兆，可堆叠	
聚合交换机	4 口 SFP+万兆光纤核心交换机，一般用于 50 节点以上大规模集群	

图 2-14

2.4.3 Hadoop 集群角色分配

Hadoop 大数据平台集群角色简称如图 2-15 所示，请读者务必熟悉这些简称。

简称	名称	简称	名称
NN	NameNode	HMS	MetaStore
DN	DataNode	HS2	HiveServer2
		G	Gateway
RM	ResourceManager		
NM	NodeManager	SM	Spark Master
JHS	Job History Server	SW	Spark Worker
		HS	History Server
HM	HBase Master		
RS	RegionServer	HUE	Hue Server
HBR	Rest Server	OZS	Oozie Server
HBT	Thrift Server	SQP	Sqoop
ICS	Catelog Server	FLM	Flume Agent
ISS	Impala StateStore	ZK	Zookeeper Server
ID	Impala Daemon	JN	JournalNode
CM	Cloudera Manager	FC	FailoverController
CMS	Manager Service		

图 2-15

（1）搭建小规模集群一般是为了支撑专有业务，受限于集群的存储和处理能力，不太适合用于多业务的环境。可以部署成一个 HBase 的集群，也可以部署成一个分析集群，包含 YARN、Impala。在小规模集群中，为了最大化利用集群的存储和处理能力，节点的复用程度往往比较高，如图 2-16 所示。对于那些需要两个以上节点来支持 HA 功能的，集群中分配有一个工具节点可以承载这些角色，并可以同时部署一些其他工具角色（这些工具角色本身消耗不了多少资源），其余节点可以部署为纯工作节点。

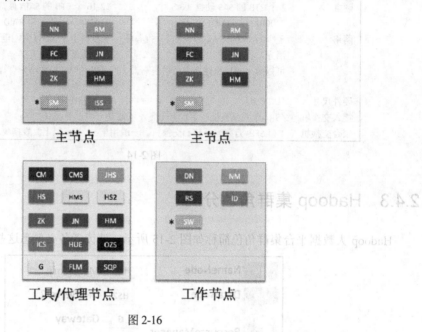

图 2-16

（2）对于一个中等规模的集群，节点数一般在 20～200，通常的数据存储可以规划到几百太字节，适用于一个中型企业的数据平台或者大型企业的业务部门数据平台。节点的复用程度可以降低，可以按照管理节点、主节点、工具节点和工作节点来划分，如图 2-17 所示。

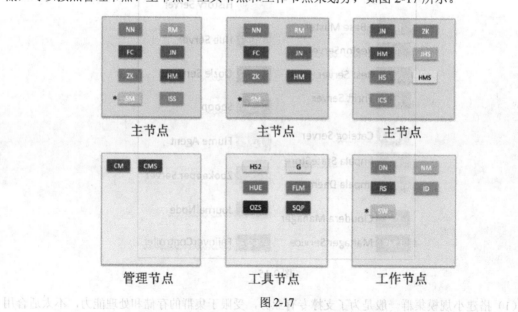

图 2-17

管理节点上安装 Cloudera Manager、Cloudera Management Service。主节点上安装 CDH 服务以及 HA 的组件。工具节点部署 HiveServer2、Hue Server、Oozie Server、Flume Agent、Sqoop Client、Gateway。工作节点的部署和小规模集群类似。

（3）大规模集群的数量一般会在 200 以上，存储容量可以是几百太字节（TB）甚至是拍字节（PB）级别，适用于大型企业搭建全公司的数据平台，如图 2-18 所示。

这里 HDFS JournalNode 由 3 个增加到 5 个，ZooKeeper Server 和 HBase Master 也由 3 个增加到 5 个，Hive Metastore 的数量由 1 个增加到 3 个。和中等规模的集群相比，部署的方案相差不大，主要是一些主节点可用性的增强。

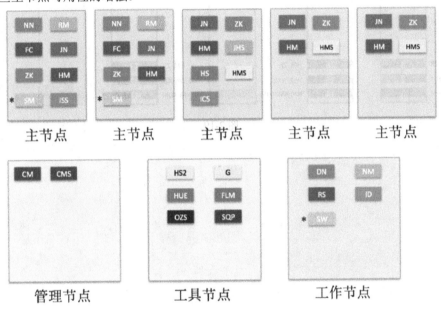

图 2-18

2.4.4 网络拓扑

对于一个小规模的集群或者单个 rack 的集群，所有的节点都连接到相同的接入层交换机。接入层交换机配置为堆叠的方式，互为冗余并增加了交换机吞吐。所有的节点两个网卡配置为主备或者负载均衡模式，分别连入两个交换机。在这种部署模式下，接入层交换机充当了聚合层的角色。

在多机架的部署模式下，除了接入层交换机，还需要聚合层交换机，用于连接各接入层交换机，负责跨 rack 的数据存取。

在机架上分配角色时，为了避免接入层交换机的故障导致集群的不可用，需要将一些高可用的角色部署到不同的接入层交换机之下（注意是不同的接入层之下，而不是不同的物理 rack 下，很多时候，客户会将不同物理 rack 下的机器接入到相同的接入层交换机下）。一个 80 个节点的物理部署示例如图 2-19 所示。

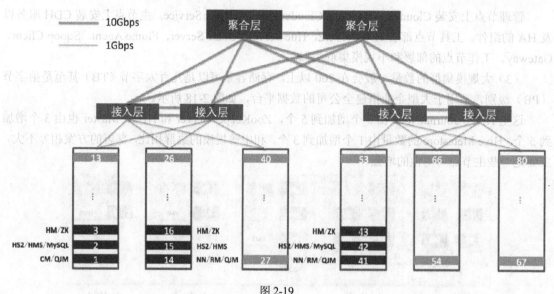

图 2-19

第 3 章

Cloudera Manager 及 CDH 离线安装部署

Cloudera Manager（CM）是由 Cloudera 公司提供的大数据组件自动部署和监控管理工具。CDH 是 Cloudera 公司在 Apache Hadoop 社区版的基础上做了商业化封装的大数据平台。Apache Hadoop 服务的部署非常烦琐，需要手动编辑配置文件、下载依赖包、协调版本兼容等。Cloudera Manager 以 GUI 的方式管理 Cloudera Hadoop 集群，并提供向导式的安装步骤。

3.1 安装前的准备工作

Cloudera 大数据平台默认采用在线自动化安装的方式，这给不能连接互联网或者网络不畅的用户带来了不便，很多时候是由于网络问题导致安装失败。所以这里我们采用离线安装 Cloudera Hadoop 集群的方法。

所需软件列表如表 3-1 所示。

表 3-1 离线安装 Cloudera Hadoop 集群所需软件列表

软件类型	名称
Linux 操作系统	CentOS-6.5-x86_64.ISO
sftp 文件传输	Winscp-5.9.2-Setup.exe
CDH（Cloudera 公司的 Hadoop 发行版）	CDH-5.11.2-1.cdh5.11.2.p0.4-el6.parcel
Cloudera Manager	cloudera-manager-el6-cm5.11.2_x86_64.tar.gz
JDK1.7	oracle-j2sdk1.7-x86_64.rpm
MySQL 数据库	MySQL 5.6.35
MySQL 的 JDBC 驱动	mysql-connector-java-5.1.42-bin.jar

但是 CDH 比 Apache Hadoop 对硬件的要求更高，如果节点分配内存太少，就很容易导致安装失败或服务无缘无故停止。哪怕只是做测试，也建议将主节点分配 8GB 以上的内存、从节点分配 5GB

内存。

本次部署的 Hadoop 测试环境是三个节点的 CDH 集群，node0 是主节点、node1 和 node2 是从节点，群集中的节点承担的角色如表 3-2 所示，这些角色在本书后续章节都会有详细阐述。

表 3-2 群集中的节点承担的角色

IP 地址	主机名	Hadoop 集群中的角色说明
10.10.75.100	node0	NameNode、DataNode（HDFS 集群的角色） ResourceManager（YARN 的核心角色） HMaster（HBase 的角色） JobHistory Server（MapReduce 的历史作业服务器角色） Hive Metastore Server（Hive 的角色）
10.10.75.101	node1	DataNode（HDFS 集群的角色） RegionServer（HBase 的角色） SecondaryNameNode（HDFS 集群的角色） NodeManager（YARN 框架的角色）
10.10.75.102	node2	DataNode（HDFS 集群的角色） RegionServer（HBase 的角色） NodeManager（YARN 的角色）

（1）下载介质软件

Cloudera Manager 的介质下载地址为 http://archive-primary.cloudera.com/cm5/cm/5/，节点的 Linux 操作系统是 Centos 6.5，CM 版本选择的是 5.11.2，所以选择 cloudera-manager-el6-cm5.11.2_x86_64.tar.gz，如图 3-1 所示。Hadoop 生态系统需要的所有组件都是通过 Cloudera Manager 统一管理和安装的。

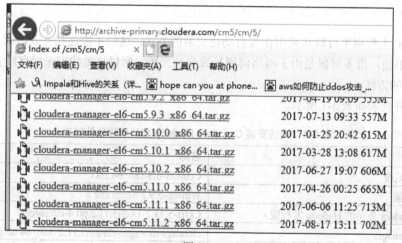

图 3-1

CDH（Cloudera 的 Hadoop 发行版）介质的下载地址是 http://archive-primary.cloudera.com/cdh5/parcels/，这里选择 5.11.2 版本。下载的 CDH 安装包一定要和 CM 包匹配。CDH 软件包以 .parcel 结尾，相当于压缩包格式，这里要下载三个文件（包括 manifest.json），特别注意要将下载 .sha1 文件后缀更改为 .sha，如图 3-2 所示。

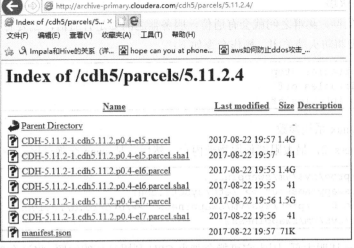

图 3-2

将下载的 CDH、CM、mysql 5.6 rpm 包、mysql jdbc 驱动、Oracle Java SDK 1.7 上传到群集主节点机器上的/opt 目录下，安装过程中就不需要从互联网上下载文件了，实现了离线安装。

（2）安装 Oracle 1.7 JDK

CDH 的运行依赖 JDK 的运行环境。所以在安装 CDH 之前一定要先安装 Oracle 1.7 JDK。通过 rpm -qa | grep jdk 命令来查询系统是否已经安装自带的 openjdk 的 RPM 包，如果有，请使用 rpm -e --nodeps 把它卸载，然后使用 rpm -ivh /opt/oracle-j2sdk1.7-x86_64.rpm 命令来安装 Oracle 1.7 JDK 的 RPM 包。

还要记得修改 vi /etc/profile，添加以下内容：

```
export JAVA_HOME=/usr/java/jdk1.7.0_67-cloudera
export PATH=.:$JAVA_HOME/bin:$PATH
export CLASSPATH=.:$JAVA_HOME/lib/dt.jar:$JAVA_HOME/lib/tools.jar
```

保存并退出 vi 编辑后，执行 source /etc/profile 使之生效。

（3）关闭 SELinux

SELinux 是一种安全子系统，它能控制程序只访问特定文件，但是在多数情况下我们还是要将其关闭，因为在不了解其机制的情况下，使用 SELinux 会导致软件安装或者应用部署失败。所有节点都要关闭 SELinux，通过修改 gedit /etc/selinux/config 下的 SELINUX=disabled（重启后永久生效）完成。

（4）设置主机 hosts 文件，调整系统参数，关闭防火墙，禁用透明大页，调整 swap 和文件句柄，安装 Oracle JDK，添加环境变量。

编辑配置 hosts 文件，规划中的每一台机器都要配置集群中所有机器的 IP 和主机名称的对应关系。通过 vi 命令，编辑/etc/hosts 内容如下：

- 10.10.75.100 node0
- 10.10.75.101 node1
- 10.10.75.102 node2

(5) 关闭防火墙

我们要搭建集群，集群之间就会有通信，服务器之间要是有通信，就要有相应的防火墙策略开放，因此我们要将防火墙关闭，操作命令如下：

```
service iptables stop
service iptables off
chkconfig iptables off
```

(6) 调整 Linux 系统参数

修改 swappiness=0，最大限度使用物理内存，然后才是 swap 交换分区，命令如下：

```
echo 0 >/proc/sys/vm/swappiness
echo "vm.swappiness=0" >> /etc/sysctl.conf
echo "echo 0 > /proc/sys/vm/swappiness" >>/etc/rc.d/rc.local
cat /proc/sys/vm/swappiness
```

禁用 hugepage 透明大页，因为它可能会带来 CPU 利用过高的问题。将这个参数设置为 nerver，为了保证重启生效，要把命令写到/etc/rc.local 中，命令如下：

```
echo "echo never > /sys/kernel/mm/transparent_hugepage/enabled" >>/etc/rc.d/rc.local
echo "echo never > /sys/kernel/mm/redhat_transparent_hugepage/defrag" >>/etc/rc.d/rc.local
```

修改 Linux 最大文件句柄数（默认 Linux 最大文件句柄数为 1024），命令如下：

```
echo "* soft nofile 128000" >> /etc/security/limits.conf
echo "* hard nofile 128000" >> /etc/security/limits.conf
echo "* soft nproc 128000" >> /etc/security/limits.conf
echo "* hard nproc 128000" >> /etc/security/limits.conf
sed -i 's/1024/unlimited/' /etc/security/limits.d/90-nproc.conf
ulimit -SHn 128000
ulimit -SHu 128000
```

(7) 配置时间同步

在所有要安装 CDH 环境的设备中需要设置统一时钟同步服务。如果我们有 NTP 时间同步器，那么我们需要在每一台设备上进行 NTP 客户端配置。如果没有，我们就将其中一台主机作为 NTP 时间同步服务器，对这台主机进行 NTP 服务器配置。其他服务器来同步这台服务器的时钟（修改 NTP 配置文件/etc/ntp.conf，指向企业自己的时间同步服务器 IP 地址）。

关于如何部署 NTP 时间同步服务器，可参阅作者的博客文章 http://blog.51cto.com/lihuansong/2172270。

(8) SSH 免密码登录

为什么要设置 SSH 免密码登录？其原因是在开启 Hadoop 的时候需要多次输入 yes 和 root 密码，这是我们所不能忍受的，迫切需要实现免登录的功能。

对于集群间免密的设置很简单，只要知道原理就好做了。分别在每台机器上配置本地免密登录，然后将其余的每台机器生成的公钥内容追加到其中一台主机的 authorized_keys 中，再将这台机器中包括每台机器公钥的 authorized_keys 文件发送到集群中所有的服务器，这样集群中每台服务器就都拥有所有服务器的公钥了，集群间任意两台机器都可以实现免密登录。关于如何配置 SSH

免密码登录，可参阅作者的博客文章 http://blog.51cto.com/lihuansong/2172326。

（9）安装 HTTP 服务

CM 的管理界面是 Web 访问方式，在主节点上安装并启动 HTTP 服务，命令如下：

```
yum install httpd
chkconfig httpd on
service httpd start
```

（10）安装 MySQL 数据库

CM 的元数据需要存储在数据库中。CM 支持 MySQL、PostgreSQL、Oracle 等数据库，通常我们会使用 MySQL 数据库（MySQL 的版本建议为 5.6 以上）。关于如何安装 MySQL，可参阅作者的博客文章 http://blog.51cto.com/lihuansong/2172326。

安装好 MySQL，在 MySQL 客户端执行命令 mysql -uroot -p，输入密码，在 MySQL 中创建相关数据库，命令如下：

```
create database oozie DEFAULT CHARSET utf8 COLLATE utf8_general_ci;
create database hive DEFAULT CHARSET utf8 COLLATE utf8_general_ci;
create database sentry DEFAULT CHARSET utf8 COLLATE utf8_general_ci;
create database scm DEFAULT CHARSET utf8 COLLATE utf8_general_ci;
create database monitor DEFAULT CHARSET utf8 COLLATE utf8_general_ci;
create database metastore DEFAULT CHARSET utf8 COLLATE utf8_general_ci;
create database amon DEFAULT CHARSET utf8 COLLATE utf8_general_ci;
```

（11）在主节点 node0 上操作，解压 CM，准备 Parcels

操作命令如下：

```
tar xzvf /opt/cloudera-manager-el6-cm5.11.2_x86_64.tar.gz  -C /opt
cp /opt/CDH-5.11.2-1.cdh5.11.2.p0.4-el6.parcel /opt/cloudera/parcel-repo/
cp /opt/CDH-5.11.2-1.cdh5.11.2.p0.4-el6.parcel.sha /opt/cloudera/parcel-repo/
cp /opt/manifest.json /opt/cloudera/parcel-repo/
```

（12）修改 config.ini，同步 agent 到所有节点

通过 vi 编辑 /opt/cm-5.11.2/etc/cloudera-scm-agent/config.ini，把其中的 server_host 值改为主节点的主机名，这里主节点是 node0，如图 3-3 所示。

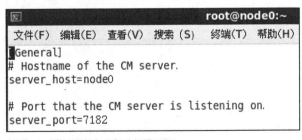

图 3-3

然后把 config.ini 同步到其他节点，命令如下：

```
scp -r /opt/cm-5.11.2 root@node1:/opt/
scp -r /opt/cm-5.11.2 root@node2:/opt/
```

（13）所有节点都建立 cloudera-scm 用户

命令如下：

```
useradd --system --home=/opt/cm-5.11.2/run/cloudera-scm-server/ --no-create-home --shell=/bin/false --comment "Cloudera SCM User" cloudera-scm
```

（14）主节点上初始化配置数据库

CM Server 的主要数据库为 scm，里面包含了服务的配置信息，每一次配置的更改都会把当前页面的所有配置内容添加到数据库中，以保存配置修改历史。

初始化配置数据库 scm 的命令如下：

```
/opt/cm-5.11.2/share/cmf/schema/scm_prepare_database.sh mysql cm -hlocalhost -uroot -proot123 --scm-host localhost scm scm scm
```

（15）启动 CM 服务和 CM Agent

主节点上启动 CM Server 和 Agent，命令如下：

```
/opt/cm-5.11.2/etc/init.d/cloudera-scm-server start
/opt/cm-5.11.2/etc/init.d/cloudera-scm-agent start
```

所有从节点启动 Agent，命令如下：

```
/opt/cm-5.11.2/etc/init.d/cloudera-scm-agent start
```

3.2　Cloudera Manager 及 CDH 安装

Cloudera Manager Server 和 Agent 都启动以后，就可以进行大数据基础平台的安装了。这时可以通过浏览器访问主节点 node0 的 7180 端口测试一下（由于 Cloudera Manager Server 的启动需要花点时间，这里可能要等待一会儿才能访问），默认的用户名和密码均为 admin，如图 3-4 所示。

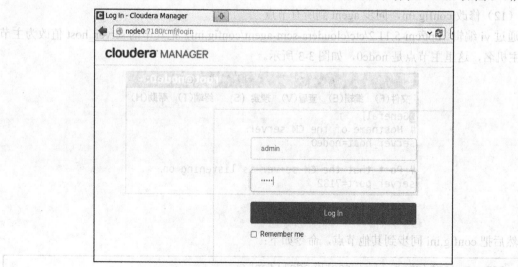

图 3-4

部署版本选择免费版本 Cloudera Express，免费版本除了拥有 CDH 和 Cloudera Manager 核心功能外，群集节点数量无任何限制，如图 3-5 所示。付费的 Cloudera Enterprise 企业版本还拥有 Cloudera Manager 高级功能、Cloudera Navigator 审核组件和商业技术支持。

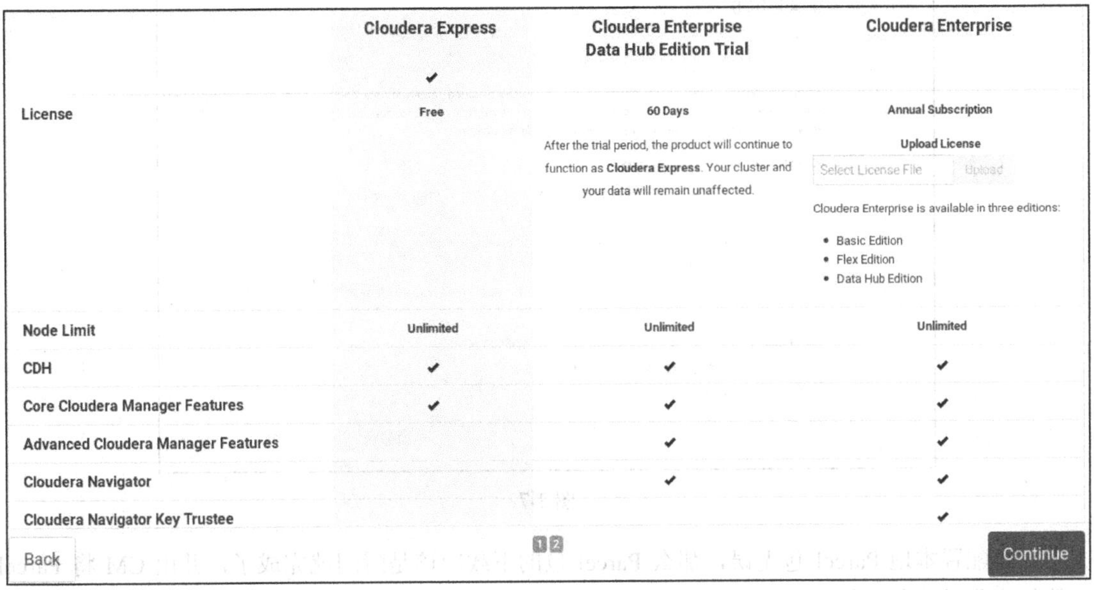

图 3-5

接下来，选择需要安装的节点主机。由于我们在各个节点都安装并启动了 Agent，各个节点的配置文件 config.ini 的 server_host 都指向主节点 node0，因此我们可以在"Currently Managed Hosts"（当前管理的主机）中看到三个主机，如图 3-6 所示，全部勾选并继续。如果 cloudera-scm-agent 没有启动，这里会检测不到主机。

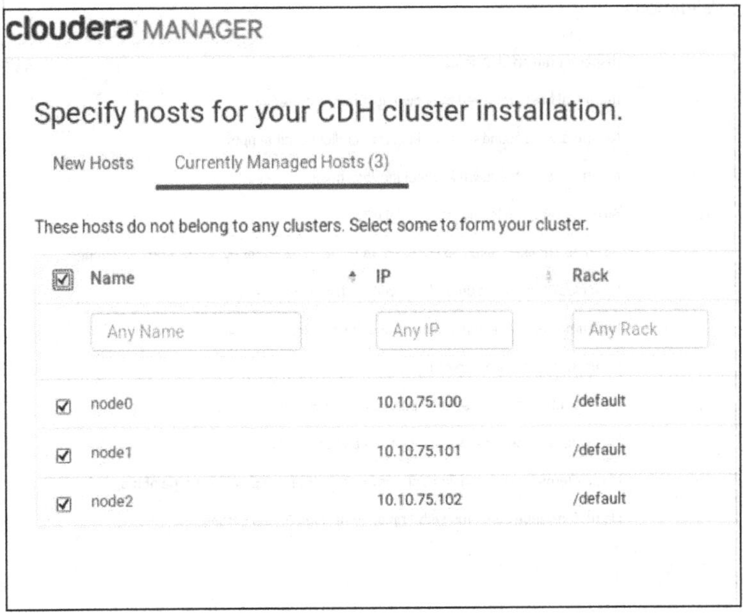

图 3-6

这里你会看到已经提前下载好的 Parcel 包对应的 CDH 版本，如 CDH-5.11.2，如图 3-7 所示。

图 3-7

如果配置本地 Parcel 包无误，那么 Parcel 包的下载应该是瞬间就完成了，并由 CM 将 Parcel 文件包分发到各个节点。Parcel 包分发完后，点击"Continue"按钮，进入到检查群集主机正确性的界面。Cloudera 会进行安装前各节点的检查工作，比如 Cloudera 建议将 swappiness 设置为 0，主机时钟要同步、禁用透明大页等，配置没有问题就打勾，如图 3-8 所示。

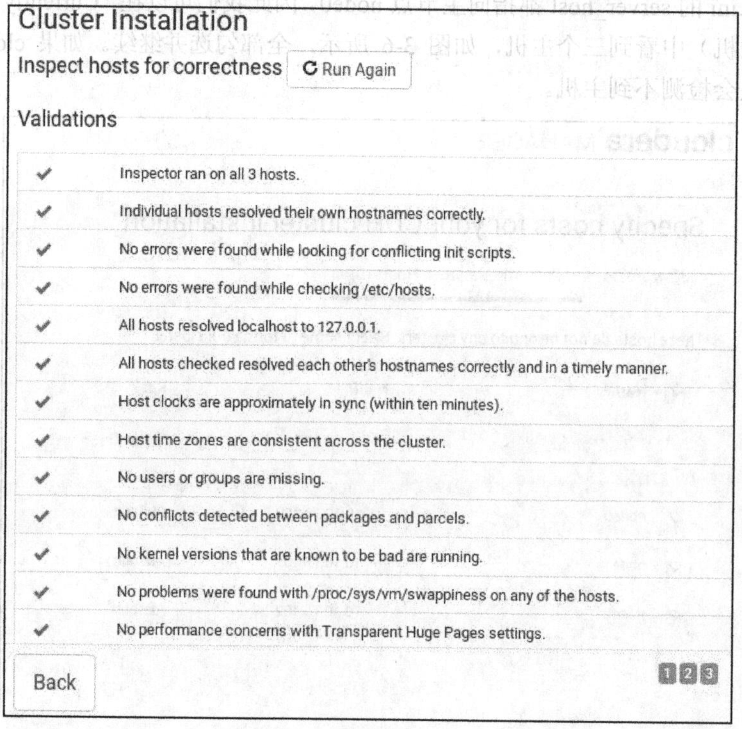

图 3-8

选择需要安装的大数据组件，我们可以选择自定义安装方式"Custom Services"，如图 3-9 所示。

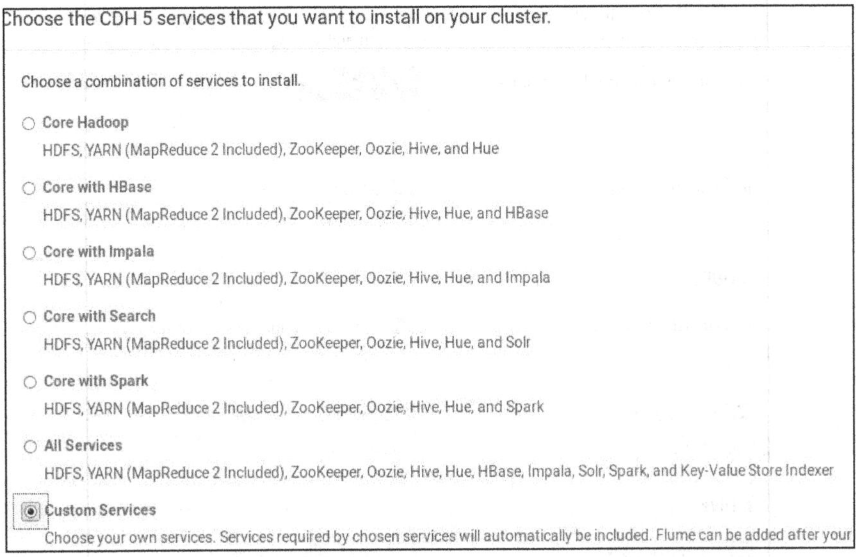

图 3-9

这里选择 HBase、HDFS、Hive、YARN、ZooKeeper 等服务组件，如图 3-10 所示。

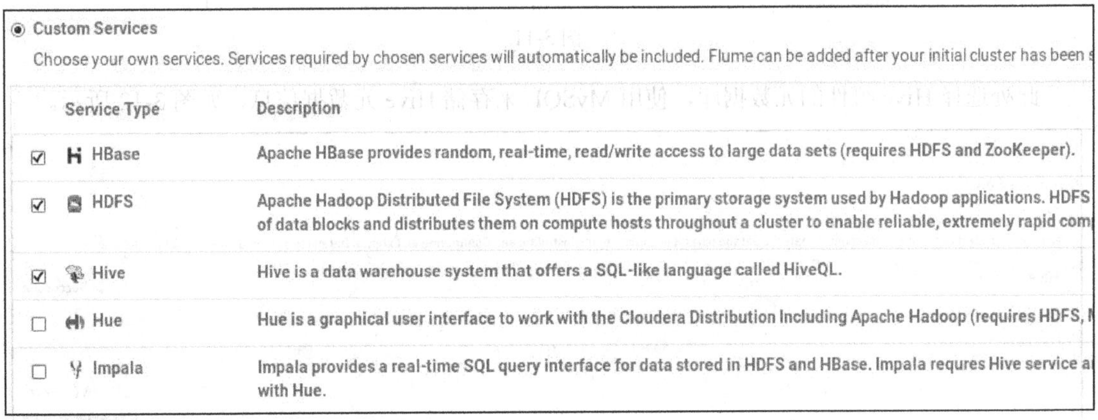

图 3-10

然后给集群各个节点分配角色，如 HDFS 需要的角色有 NameNode（名称节点，也称名称节点）、SecondaryNameNode（第二名称节点）、DataNode（数据节点），HBase 必需的角色有 HMaster、RegionServer（与 DataNode 在同一节点上）等，如图 3-11 所示。如果系统配置有什么问题，在安装过程中会有提示，根据提示安装组件就可以了。

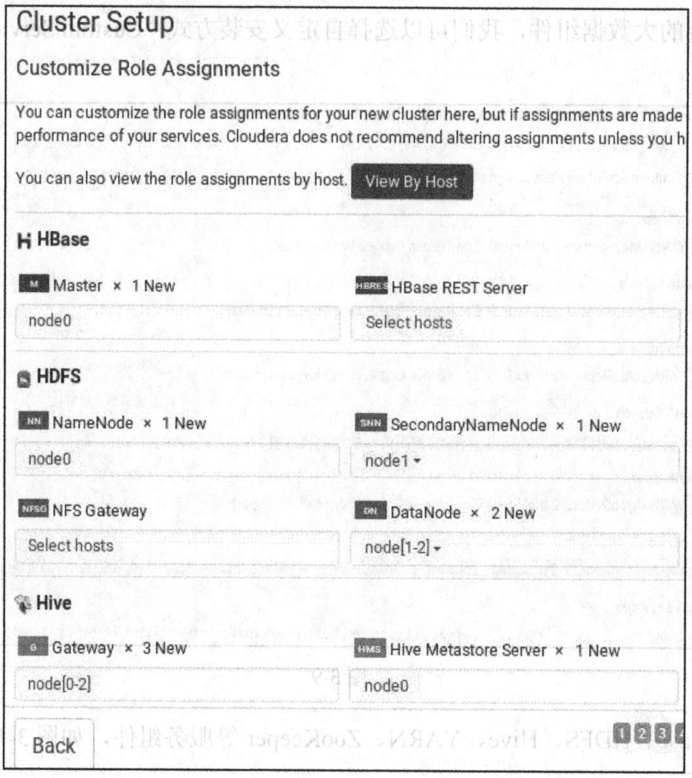

图 3-11

此处选择 Hive 组件的元数据库，使用 MySQL 来存储 Hive 元数据信息，如图 3-12 所示。

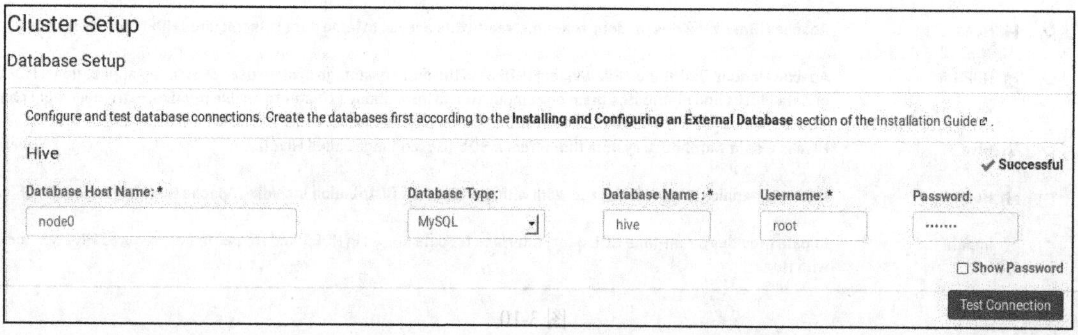

图 3-12

需要注意的是，若"Test Connection"确认数据库的连通性没有通过，则需要复制 MySQL 的 JDBC 驱动到相应目录，复制命令如下：

```
cp /opt/mysql-connector-java-5.1.42-bin.jar /opt/cloudera/parcels/CDH-5.11.2-1.cdh5.11.2.p0.4/lib/hive/lib/
cp /opt/mysql-connector-java-5.1.42-bin.jar /opt/cm-5.11.2/share/cmf/lib/
cp /opt/mysql-connector-java-5.1.42-bin.jar /usr/share/java/mysql-connector-java.jar
```

最后，CM 开始配置并启动各项服务，直到安装过程全部完成，CM 管理界面如图 3-13 所示。

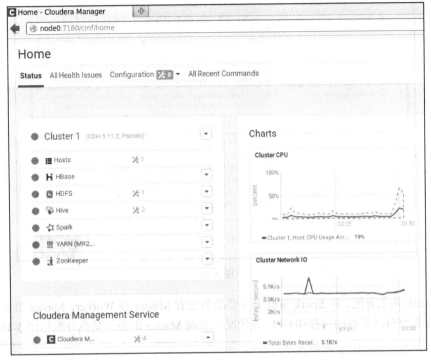

图 3-13

3.3 添加其他大数据组件

在 Cloudera Manager 中单击"添加服务"选项，如图 3-14 所示。

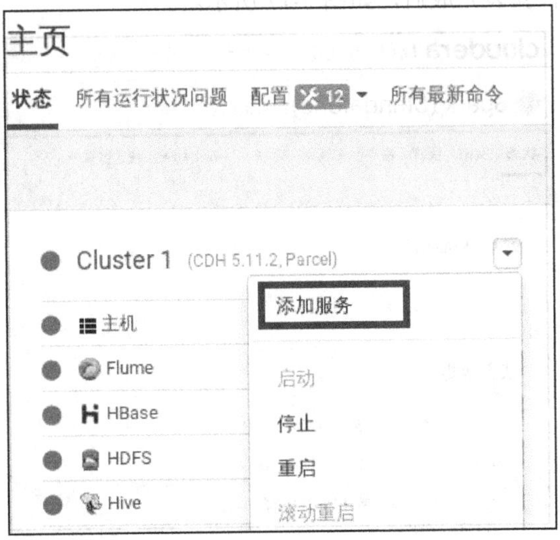

图 3-14

在添加服务向导中，选择要添加的服务组件，如"Spark（Standalone）"，如图 3-15 所示。

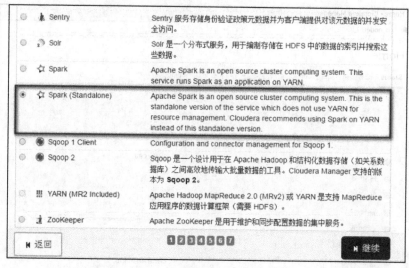

图 3-15

选择 Spark 角色分配。在 Spark 集群中重要的角色有 Master 和 Worker：Master 负责分配资源；Worker 负责监控自己节点的内存和 CPU 等状况，并向 Master 汇报。角色分配如图 3-16 所示。

图 3-16

Spark(Standalone)组件安装完成后，如图 3-17 所示。

图 3-17

如果还要安装其他 Hadoop 生态系统的组件，也可以通过 Cloudera Manager 统一管理和安装。

第4章

分布式文件系统 HDFS

为了解决海量数据存储问题，Google 开发了分布式文件系统 GFS。HDFS 是 GFS 的开源实现，它是 Hadoop 的核心组件之一。HDFS 提供了在通用硬件集群中进行分布式文件存储的能力，是一个高容错性和高吞吐量的海量数据存储解决方案。

4.1 HDFS 简介

HDFS（Hadoop Distributed Filesystem，Hadoop 分布式文件系统）以流式数据访问模式来存储超大文件，运行在由廉价普通机器组成的集群上，是管理网络中跨多台计算机存储的文件系统。它的基本原理是将文件切分成同等大小的数据块，存储到多台机器上，将数据切分、容错、负载均衡等功能透明化。

HDFS 上的文件被划分为相同大小的多个 block 块，以块作为独立的存储单位（称为数据块）。为什么要弄成块来存储？第一，大文件用一个节点是存不下来的，势必分成块；第二，网络传输时万一宕掉，可以小部分重传；第三，简化了存储管理，同时元数据就不需要和块一同存储了，用一个单独的系统就可以管理这些块的元数据。所以 block 块是 HDFS 中最基本的存储单位。一个文件 Hadoop 2.x 版本的 HDFS 块默认大小是 128MB（Hadoop 1.X 版本默认块大小是 64MB）。默认块大小是可以修改的，可以通过 dfs.block.size 设置。

除了将文件分块，每个块文件也有副本，这是为了容错性。当一个机器挂了，想要恢复里面的文件，就可以去其他机器找文件的副本。默认是三个副本，也可通过 hdfs-site.xml 中的 replication 属性修改副本数量。

HDFS 的副本放置策略是将第一个副本放在本地节点，将第二个副本放到本地机架上的另外一个节点，而将第三个副本放到不同机架上的节点。这种方式减少了机架间的写流量，从而提高了写的性能。机架故障的概率远小于节点故障。将第三个副本放置在不同的机架上，这也防止了机架故障时数据的丢失。

总之，HDFS 在设计之初就是针对超大文件存储的，小文件不会提高访问和存储速度，反而会降低。其次它采用了流式数据访问，特点是一次写入多次读取。再有就是它运行在普通的标准硬件（如 PC 服务器）之上，即使硬件故障，也可以通过副本冗余容错机制来保证数据的高可用。

4.2 HDFS 体系结构

4.2.1 HDFS 架构概述

HDFS 采用主从（Master/Slave）架构模型，分为 NameNode（名称节点）、SecondaryNameNode（第二名称节点）、DataNode（数据节点）这几个角色（遵从中国读者习惯，本文混用这 3 个中英文术语），如图 4-1 所示。

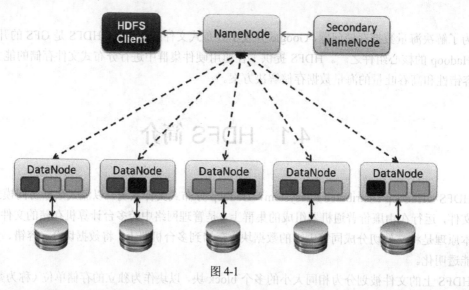

图 4-1

一个典型的 HDFS 集群是由一个 NameNode、一个 SecondaryNameNode 和若干个 DataNode（通常大于 3 个）组成的，通常是一个节点一个机器，它来管理对应节点的存储。

（1）NameNode：主要负责文件系统命名空间的管理、存储文件目录的 Metadata 元数据信息，主要包括文件目录、block 块和文件对应关系，以及 block 块和 DataNode 数据节点的对应关系。

（2）SecondaryNameNode：是 NameNode 的冷备份，用来减少 NameNode 的工作量。

（3）DataNode：负责存储客户端（Client）发来的 Block 数据块，执行数据块的读写操作。

4.2.2 HDFS 命名空间管理

HDFS 的命名空间包含目录、文件和块。在 HDFS1.0 架构中，在整个 HDFS 集群中只有一个命名空间，并且只有唯一一个 NameNode，负责对这个命名空间进行管理。HDFS 使用的是传统的分级文件体系，因此用户可以像使用普通文件系统一样创建、删除目录和文件以及在目录间移动文件、重命名文件等。HDFS2.0 新特性 federation 联邦功能支持多个命名空间，并且允许在 HDFS 中同时存在多个 NameNode。

4.2.3 NameNode

HDFS 集群的命名空间是由 NameNode 来存储的。NameNode 使用 FsImage 和 EditLog 两个核心的数据结构，如图 4-2 所示。EditLog 事务日志文件记录每一个对文件系统元数据的改变，如在 HDFS 中创建一个新的文件，名称节点将会在 EditLog 中插入一条记录来记录这个改变。整个命名空间的信息包括文件块的映射表等都存放在 FsImage 文件中。

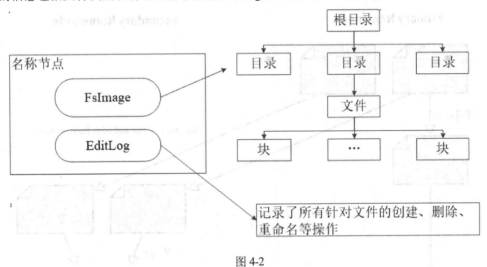

图 4-2

名称节点启动时，它将从磁盘中读取 FsImage 和 EditLog，将 EditLog 中的所有事务应用到 FsImage，然后将新的 FsImage 刷新到本地磁盘中，因为事务已经被处理并已经持久化到 FsImage 中，然后就可以截去旧的 EditLog。这个过程叫作检查点。

FsImage 和 Editlog 是 HDFS 的重要数据结构，如果这些文件损坏，就会导致整个集群的失效。因此可以配置成复制多个 FsImage 和 EditLog 的副本，一般会在本地磁盘和网络文件系统 NFS 中分别存放。

4.2.4 SecondaryNameNode

SecondaryNameNode 是 HDFS 架构中的一个组成部分，它用来保存名称节点中对 HDFS 元数据信息的备份，减小 Editlog 文件大小，从而缩短名称节点重启的时间。它一般是单独运行在一台机器上。

SecondaryNameNode 让 EditLog 变小的工作流程如下（见图 4-3）：

（1）SecondaryNameNode 会定期和 NameNode 通信，请求其停止使用 EditLog 文件，暂时将新的写操作写到一个新的文件 edit.new 中，这个操作是瞬间完成的，上层写日志的函数完全感觉不到差别。

（2）SecondaryNameNode 通过 HTTP GET 方式从 NameNode 上获取到 FsImage 和 EditLog 文件，并下载到本地的相应目录下。

（3）SecondaryNameNode 将下载下来的 FsImage 载入到内存，然后一条一条地执行 EditLog 文件中的各项更新操作，使内存中的 FsImage 保持最新。这个过程就是 EditLog 和 FsImage 文件合并。

（4）SecondaryNameNode 执行完（3）操作之后，会通过 post 方式将新的 FsImage 文件发送到 NameNode 节点上。

（5）NameNode 将从 SecondaryNameNode 接收到的新的 FsImage 替换旧的 FsImage 文件，同时将 Edit.new 替换 EditLog 文件，从而减小 EditLog 文件大小。

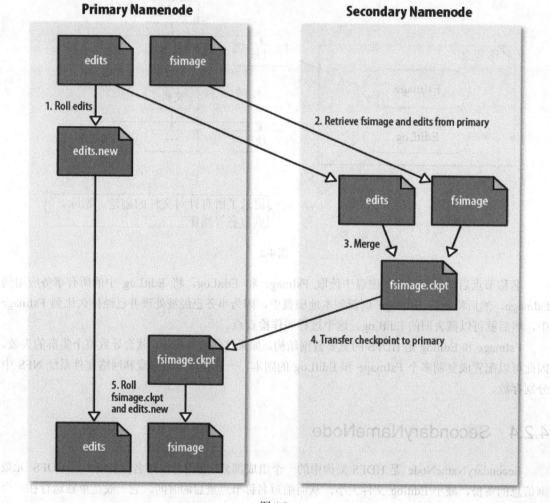

图 4-3

从上面的过程可以看出，第二名称节点相当于为名称节点设置一个"检查点"，周期性备份名称节点中的元数据信息，但第二名称节点在 HDFS 设计中只是一个冷备份，并不能起到"热备份"的作用。HDFS 设计并不支持当名称节点故障时直接切换到第二名称节点。

4.3 HDFS 2.0 新特性

4.3.1 HDFS HA

　　HDFS1.0 中虽然存在一个第二名称节点（SecondaryNameNode），但第二名称节点无法提供"热备份"功能，一旦名称节点发生故障，系统需要停机恢复。HDFS2.0 采用 HA（High Availability）架构，用于解决 NameNode 单点故障问题。该 HA 特性通过热备份的方式为主 NameNode 提供一个备用者，一旦主 NameNode 出现故障，可以迅速切换至备用 NameNode，从而实现不间断对外提供服务。

　　一个典型的 HDFS HA 架构如图 4-4 所示，它通常由两个 NameNode 组成：一个处于 Active 状态，另一个处于 Standby 状态。Active NameNode 对外提供服务，比如处理来自客户端的请求，而 Standby NameNode 则不对外提供服务，仅同步 Active NameNode 的状态，以便能够在它失败时快速进行切换。

　　注意，HA 中的两个 NameNode 属于同一命名空间。两个 NameNode 为了能够实时同步元数据信息（实际上是共享 EditLog），会通过一组称作 JournalNodes 的独立进程相互通信。

　　每个 Journal 节点暴露一个简单的 RPC 接口，允许 NameNode 读取和写入数据，数据存放在 Journal 节点的本地磁盘。当 Active NameNode 写入 EditLog 时，它向集群的所有 JournalNode 发送写入请求，当多数节点回复确认成功写入之后，EditLog 就认为是成功写入。

　　StandbyNameNode 负责监听，一旦发现有新数据写入，就读取这些数据，并加载到自己内存中，以保证自己内存状态与 Active NameNode 保持基本一致。

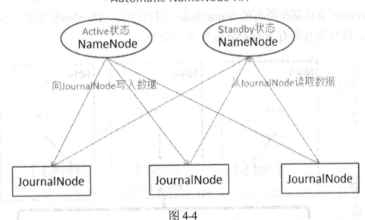

图 4-4

　　Hadoop 使用 ZooKeeper 支持自动故障转移，ZooKeeper 的任务包括 NameNode 失败检测和 NameNode 选举。

　　HDFS HA 集群的配置如下：

（1）NameNode 机器：运行 Active NameNode 和 Standby NameNode 的机器配置应保持一样。

（2）当 Active 状态的 NameNode 宕机后，需要手动切换到 Standby 状态的 NameNode 来继续提供服务。如果要实现自动故障转移，必须依赖 ZooKeeper。

（3）JournalNode 机器：运行 JournalNode 的机器，这些守护进程比较轻量级，可以部署在其他服务器上。至少需要部署 3 个 JournalNode 节点，以便容忍一个节点故障。通常配置成奇数，例如总数为 N，则可以容忍 $(N-1)/2$ 台机器发生故障后不影响集群正常运行。

（4）配置了 NameNode HA 后，客户端可以通过 HA 的逻辑名称去访问数据，而不用指定某一台 NameNode，当某一台 NameNode 失效自动切换后，客户端不必更改 HDFS 的连接地址，仍可通过逻辑名称去访问。

需要注意的是，Standby NameNode 同时完成了原来 SecondaryNameNode 的 checkpoint（检查点）功能，因此不需要再独立部署 SecondaryNameNode。

4.3.2 HDFS Federation

HDFS1.0 的单 NameNode 设计不仅存在单点故障问题，还存在可扩展性和性能问题。只有一个 NameNode，不利于水平扩展。HDFS Federation（HDFS 联邦）特性允许一个 HDFS 集群中存在多个 NameNode 同时对外提供服务，这些 NameNode 分管一部分目录（水平切分），彼此之间相互隔离，但共享底层的 DataNode 存储资源。每个 NameNode 是独立的，不需要和其他 NameNode 协调合作。

如图 4-5 所示，Federation 使用了多个独立的 NameNode/NameSpace 命名空间。这些 NameNode 之间是联合的，也就是说，它们之间相互独立且不需要互相协调，各自分工管理自己的区域。分布式的 DataNode 被用作通用的数据块存储设备。每个 DataNode 要向集群中所有的 NameNode 注册，且周期性地向所有 NameNode 发送心跳和块报告，并执行来自所有 NameNode 的命令。每一个 DataNode 作为统一的块存储设备被所有 NameNode 节点使用。

每一个 DataNode 节点都在所有的 NameNode 进行注册。DataNode 发送心跳信息、块报告到所有 NameNode，同时执行所有 NameNode 发来的命令。

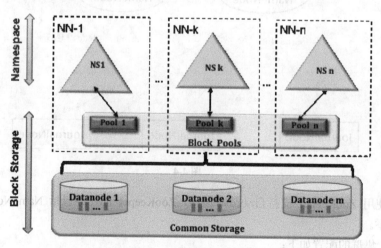

图 4-5

4.4 HDFS 操作常用 shell 命令

4.4.1 HDFS 目录操作和文件处理命令

我们可以利用 HDFS shell 命令对 Hadoop 进行操作，利用这些命令可以完成 HDFS 中文档的上传、下载、复制、查看文件信息、格式化名称节点等操作。使用 Cloudera CDH 版本安装 Hadoop 时，默认建立的 hdfs 用户是对集群文件的最高权限用户。如图 4-6 所示，在名称节点 node0 上运行 jps 命令查看进程，发现 NameNode 进程存在。在其他工作节点（如 node1）上运行 jps 命令查看进程，发现 DataNode 进程存在，如图 4-7 所示。

```
[root@node0 ~]# su - hdfs
[hdfs@node0 ~]$ jps
4087 NameNode
66949 Jps
```

图 4-6

```
[root@node1 ~]# su - hdfs
[hdfs@node1 ~]$ jps
3358 DataNode
3356 SecondaryNameNode
29670 Jps
[hdfs@node1 ~]$
```

图 4-7

在终端输入命令，查看 hdfs dfs 总共支持哪些操作，命令执行后会显示如图 4-8 所示的结果（这里只列出部分命令）。

```
[hdfs@node0 ~]$ hdfs dfs
Usage: hadoop fs [generic options]
        [-appendToFile <localsrc> ... <dst>]
        [-cat [-ignoreCrc] <src> ...]
        [-checksum <src> ...]
        [-chgrp [-R] GROUP PATH...]
        [-chmod [-R] <MODE[,MODE]... | OCTALMODE> PATH...]
        [-chown [-R] [OWNER][:[GROUP]] PATH...]
        [-copyFromLocal [-f] [-p] [-l] <localsrc> ... <dst>]
        [-copyToLocal [-p] [-ignoreCrc] [-crc] <src> ... <localdst>]
        [-count [-q] [-h] [-v] [-x] <path> ...]
        [-cp [-f] [-p | -p[topax]] <src> ... <dst>]
        [-createSnapshot <snapshotDir> [<snapshotName>]]
        [-deleteSnapshot <snapshotDir> <snapshotName>]
        [-df [-h] [<path> ...]]
        [-du [-s] [-h] [-x] <path> ...]
        [-expunge]
        [-find <path> ... <expression> ...]
        [-get [-p] [-ignoreCrc] [-crc] <src> ... <localdst>]
        [-getfacl [-R] <path>]
        [-getfattr [-R] {-n name | -d} [-e en] <path>]
        [-getmerge [-nl] <src> <localdst>]
        [-help [cmd ...]]
        [-ls [-C] [-d] [-h] [-q] [-R] [-t] [-S] [-r] [-u] [<path> ...]]
        [-mkdir [-p] <path> ...]
        [-moveFromLocal <localsrc> ... <dst>]
        [-moveToLocal <src> <localdst>]
        [-mv <src> ... <dst>]
        [-put [-f] [-p] [-l] <localsrc> ... <dst>]
```

图 4-8

可以看出 hdfs dfs 命令的统一格式类似 "hdfs dfs –ls" 这种形式，即在 "-" 后面跟上具体的操作。需要查看某个命令的作用（例如，查询 ls 命令的具体用法）时，可以采用如图 4-9 所示的命令。

```
[hdfs@node0 ~]$ hdfs dfs -help ls
-ls [-C] [-d] [-h] [-q] [-R] [-t] [-S] [-r] [-u] [<path> ...] :
  List the contents that match the specified file pattern. If path is not
  specified, the contents of /user/<currentUser> will be listed. For a directory a
  list of its direct children is returned (unless -d option is specified).

  Directory entries are of the form:
        permissions - userId groupId sizeOfDirectory(in bytes)
  modificationDate(yyyy-MM-dd HH:mm) directoryName

  and file entries are of the form:
        permissions numberOfReplicas userId groupId sizeOfFile(in bytes)
  modificationDate(yyyy-MM-dd HH:mm) fileName

    -C  Display the paths of files and directories only.
    -d  Directories are listed as plain files.
    -h  Formats the sizes of files in a human-readable fashion
        rather than a number of bytes.
    -q  Print ? instead of non-printable characters.
    -R  Recursively list the contents of directories.
    -t  Sort files by modification time (most recent first).
    -S  Sort files by size.
    -r  Reverse the order of the sort.
    -u  Use time of last access instead of modification for
        display and sorting.
[hdfs@node0 ~]$
```

图 4-9

HDFS 目录操作和文件操作命令如图 4-10 所示。hdfs dfs -mkdir -p /doc 命令表示在 HDFS 根目录下创建一个称为 doc 的目录。hdfs dfs -ls / 命令表示列出 HDFS 根目录下的内容。使用 hdfs dfs -put 命令把本地文件系统的 /var/lib/hadoop-hdfs/text.txt 上传到根目录的 doc 目录下，然后查看一下文件是否能成功上传到 HDFS 中。

```
[hdfs@node0 ~]$ hdfs dfs -mkdir -p /doc
[hdfs@node0 ~]$ hdfs dfs -ls /
Found 5 items
drwxr-xr-x   - hdfs supergroup          0 2018-08-26 19:33 /doc
drwxr-xr-x   - hbase hbase              0 2018-08-25 22:13 /hbase
drwxr-xr-x   - root supergroup          0 2018-05-19 14:38 /spool
drwxrwxrwx   - hdfs supergroup          0 2018-08-26 19:05 /tmp
drwxr-xr-x   - hdfs supergroup          0 2018-05-19 16:19 /user
[hdfs@node0 ~]$ cat >test.txt <<EOF
> test
> abc
> EOF
[hdfs@node0 ~]$ pwd
/var/lib/hadoop-hdfs
[hdfs@node0 ~]$ hdfs dfs -put /var/lib/hadoop-hdfs/test.txt /doc
[hdfs@node0 ~]$ hdfs dfs -ls /doc
Found 1 items
-rw-r--r--   2 hdfs supergroup          9 2018-08-26 19:35 /doc/test.txt
[hdfs@node0 ~]$
```

图 4-10

4.4.2 HDFS 的 Web 管理界面

HDFS 提供了 Web 管理界面，可以很方便地查看 HDFS 相关信息。需要在 Linux 系统打开浏览器，在浏览器地址栏中输入 HDFS 的 NameNode 的 Web 访问地址，端口号为 50070，如图 4-11 所示。

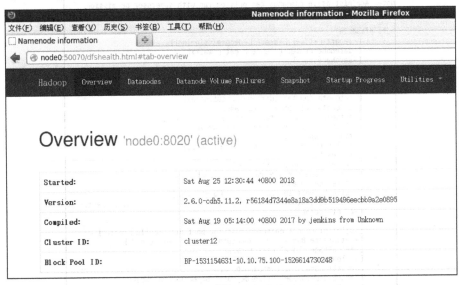

图 4-11

在 HDFS 的 Web 管理界面中，包含 Overview、DataNodes、DataNode Volume Failures、Snapshot、Startup Progress 和 Utilities 等菜单项。你可以点击每个菜单项，查询各种信息，如点击"Datanodes"，查看数据节点信息，如图 4-12 所示。

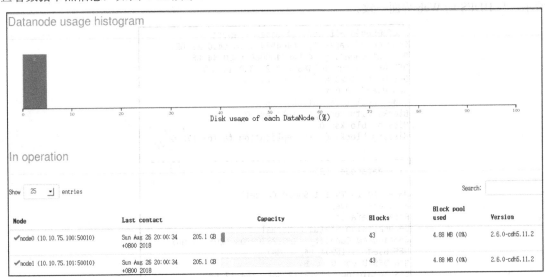

图 4-12

4.4.3　dfsadmin 管理维护命令

dfsadmin 是一个多任务客户端工具，用来显示 HDFS 运行状态和管理 HDFS，支持的命令如图 4-13 所示。

```
[hdfs@node0 ~]$ hdfs dfsadmin -help
hdfs dfsadmin performs DFS administrative commands.
Note: Administrative commands can only be run with superuser permission.
The full syntax is:

hdfs dfsadmin
        [-report [-live] [-dead] [-decommissioning]]
        [-safemode <enter | leave | get | wait>]
        [-saveNamespace]
        [-rollEdits]
        [-restoreFailedStorage true|false|check]
        [-refreshNodes]
        [-setQuota <quota> <dirname>...<dirname>]
        [-clrQuota <dirname>...<dirname>]
        [-setSpaceQuota <quota> <dirname>...<dirname>]
        [-clrSpaceQuota <dirname>...<dirname>]
        [-finalizeUpgrade]
        [-rollingUpgrade [<query|prepare|finalize>]
        [-refreshServiceAcl]
        [-refreshUserToGroupsMappings]
        [-refreshSuperUserGroupsConfiguration]
        [-refreshCallQueue]
        [-refresh <host:ipc_port> <key> [arg1..argn]
        [-reconfig <datanode|...> <host:ipc_port> <start|status|properties>]
        [-printTopology]
        [-refreshNamenodes datanode_host:ipc_port]
        [-deleteBlockPool datanode_host:ipc_port blockpoolId [force]]
        [-setBalancerBandwidth <bandwidth in bytes per second>]
        [-fetchImage <local directory>]
        [-allowSnapshot <snapshotDir>]
        [-disallowSnapshot <snapshotDir>]
        [-shutdownDatanode <datanode_host:ipc_port> [upgrade]]
        [-getDatanodeInfo <datanode_host:ipc_port>]
        [-metasave filename]
        [-triggerBlockReport [-incremental] <datanode_host:ipc_port>]
```

图 4-13

例如，运行 hdfs dfsadmin -report 命令，显示 HDFS 文件系统的基本信息和统计信息，如图 4-14 所示，与 HDFS 的 Web 界面一致。

```
[hdfs@node0 ~]$ hdfs dfsadmin -report
Configured Capacity: 440457404416 (410.21 GB)
Present Capacity: 408493486080 (380.44 GB)
DFS Remaining: 408483254272 (380.43 GB)
DFS Used: 10231808 (9.76 MB)
DFS Used%: 0.00%
Under replicated blocks: 15
Blocks with corrupt replicas: 0
Missing blocks: 0
Missing blocks (with replication factor 1): 0

-------------------------------------------------
Live datanodes (2):

Name: 10.10.75.101:50010 (node1)
Hostname: node1
Rack: /default
Decommission Status : Normal
Configured Capacity: 220228702208 (205.10 GB)
DFS Used: 5115904 (4.88 MB)
Non DFS Used: 0 (0 B)
DFS Remaining: 208491122688 (194.17 GB)
DFS Used%: 0.00%
DFS Remaining%: 94.67%
Configured Cache Capacity: 657457152 (627 MB)
Cache Used: 0 (0 B)
Cache Remaining: 657457152 (627 MB)
Cache Used%: 0.00%
Cache Remaining%: 100.00%
Xceivers: 2
Last contact: Sun Aug 26 20:35:10 CST 2018
```

图 4-14

4.4.4　namenode 命令

运行 namenode 命令进行格式化、升级回滚等操作，支持命令如图 4-15 所示。

```
[hdfs@node0 ~]$ hdfs namenode -help
Usage: hdfs namenode [-backup] |
       [-checkpoint] |
       [-format [-clusterid cid ] [-force] [-nonInteractive] ] |
       [-upgrade [-clusterid cid] [-renameReserved<k-v pairs>] ] |
       [-upgradeOnly [-clusterid cid] [-renameReserved<k-v pairs>] ] |
       [-rollback] |
       [-rollingUpgrade <rollback|downgrade|started> ] |
       [-finalize] |
       [-importCheckpoint] |
       [-initializeSharedEdits] |
       [-bootstrapStandby] |
       [-recover [ -force] ] |
       [-metadataVersion ]  ]
```

图 4-15

4.5　Java 编程操作 HDFS 实践

Hadoop 主要是使用 Java 语言编写实现，这里介绍 HDFS 常用 Java API 及其编程实例。Hadoop 中关于文件操作类基本上全部都是在"org.apache.hadoop.fs"包中，这些 API 能够支持的操作包括打开文件、读写文件、删除文件等。

Hadoop 编程开发环境：安装好 Java JDK1.7 和 Eclipse 开发工具，解压 Hadoop 的源文件（不是源码文件，而是编译好的安装文件），操作系统环境采用 Windows 或 Linux 均可。Hadoop 源文件在整个 Hadoop 开发过程中都会用到，因为很多依赖包都出自里面。

启动 Eclipse 工具，编写 Java 程序。为了编写一个能够与 HDFS 交互的 Java 应用程序，一般需要向 Java 工程中添加 JAR 包，如图 4-16 所示，点击 "Add External JARs..." 按钮，导入相应的 Hadoop 的 JAR 包，因为这些 JAR 包含了 Hadoop 的 Java API。

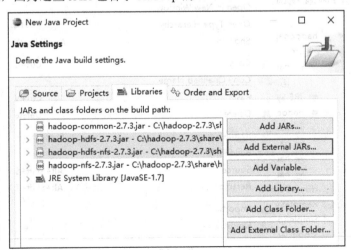

图 4-16

以下访问 HDFS 的应用程序用来检测 HDFS 文件系统 doc 目录下是否存在一个 test.txt 的文件：

```java
package hadoopapi;
import org.apache.hadoop.conf.Configuration;
import org.apache.hadoop.fs.FileSystem;
import org.apache.hadoop.fs.Path;
public class hdfs_test {
    public static void main(String[] args) {
        try
        {
            String filename="/doc/test.txt";
            Configuration conf=new Configuration();
            conf.set("fs.defaultFS", "hdfs://node0:8020");

conf.set("fs.hdfs.impl","org.apache.hadoop.hdfs.DistributedFileSystem");

            FileSystem fs=FileSystem.get(conf);
            if(fs.exists(new Path(filename))) {
                System.out.println("this file is exist!");
            }else {
                System.out.println("this file is not exist!");
            }
        }catch(Exception e){
            e.printStackTrace();
        }
    }
}
```

编译无误，接下来把应用程序生成 JAR 包，部署到 Hadoop 大数据平台上运行。在 Eclipse 工作界面左侧的 Package Explorer 面板中，在工程项目名称上右击，在弹出的菜单中选择"Export..."，如图 4-17 所示。

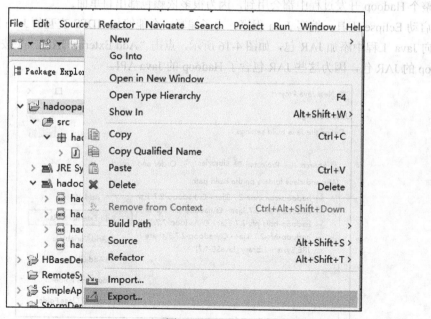

图 4-17

在弹出的"Export"对话框界面中选择 Runnable JAR file，然后点击"Next"按钮，弹出如图 4-18 所示的界面。

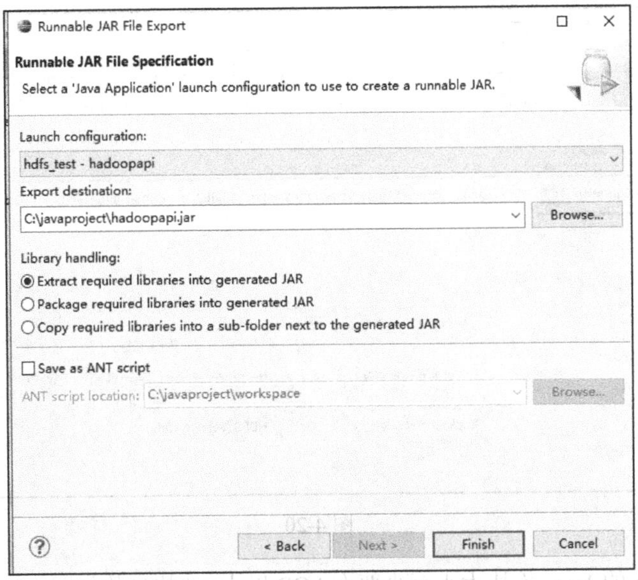

图 4-18

在该界面中 Launch configuration 用于设置生成的 JAR 包被部署启动时运行的主类，在 Export destination 中需要设置 JAR 包要输出保存到哪个目录，点击"Finish"按钮，启动打包过程。然后将打包生成的 JAR 包复制到 Hadoop 大数据平台上，使用 hadoop jar 命令运行，测试结果如图 4-19 所示。

```
[hdfs@node0 ~]$ hadoop jar /usr/local/hadoopapi.jar
this file is exist!
[hdfs@node0 ~]$ hdfs dfs -rm /doc/test.txt
18/08/26 22:37:01 INFO fs.TrashPolicyDefault: Moved: 'hdfs://node0:8020/doc/test
.txt' to trash at: hdfs://node0:8020/user/hdfs/.Trash/Current/doc/test.txt
[hdfs@node0 ~]$ hadoop jar /usr/local/hadoopapi.jar
this file is not exist!
[hdfs@node0 ~]$
```

图 4-19

HDFS 分布式文件系统很好地解决了大规模数据存储的需求，除了需要使用 shell 命令来操作 HDFS 外，使用 Eclipse 开发操作 HDFS 的 Java 应用程序也是必须掌握的技能。

4.6　HDFS 的参数配置和规划

CDH 集群建议使用 Web UI 配置界面修改参数配置。默认情况下，Hadoop 存储的副本数为 3（dfs.replication），也就是说副本数（块的备份数）默认为 3 份。如果你的集群只有两个 DataNode，就会报副本备份不足的错误，副本数调整如图 4-20 所示。因此对于 DataNode 节点，系统盘做 Raid

1、数据盘做 Raid 0。业务数据全部存储在 DataNode 上，所以 DataNode 的存储空间必须足够大，且每个 DataNode 的存储空间要尽量保持一致。

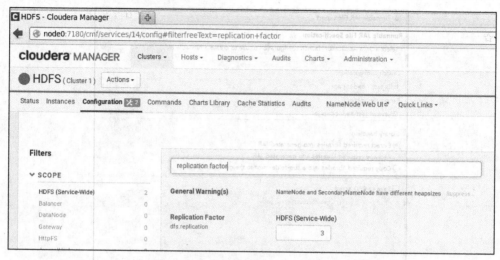

图 4-20

此外，NameNode 的 Java 堆栈大小至少要在 1GB 以上，调整参数如图 4-21 所示。如果是 128GB 内存的 NameNode 机器，建议把这个值改为 16GB 以上。

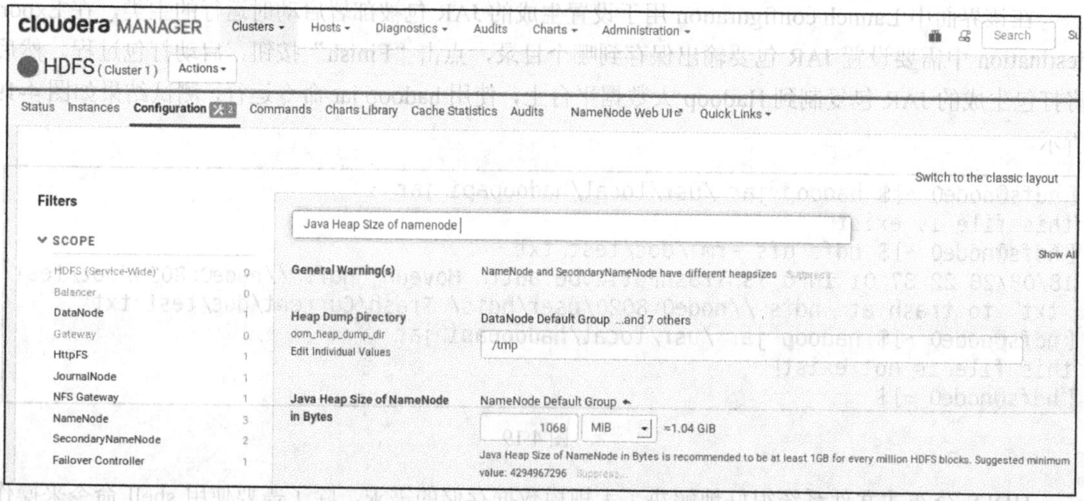

图 4-21

计算节点 DataNode 依靠的是数量优势，除了存储空间足够大之外，对机器配置要求不高。但是 NameNode 要跟所有的 DataNode 交互，接收处理各种请求，对机器配置要求较高。按以往项目测试数据来看，NameNode 存放 80GB 的元数据时，NameNode 机器建议使用 128GB 内存。

4.7 使用 Cloudera Manager 启用 HDFS HA

4.7.1 HDFS HA 高可用配置

在 HDFS 集群中 NameNode 存在单点故障,对于只有一个 NameNode 的集群,如果 NameNode 机器出现意外,将导致整个集群无法使用。为了解决 NameNode 单点故障的问题,Hadoop 给出了 HDFS 的高可用 HA 方案。HDFS 集群由两个 NameNode 组成,一个处于 Active 状态,另一个处于 Standby 状态。Active NameNode 可对外提供服务,而 Standby NameNode 则不对外提供服务,仅同步 Active NameNode 的状态,以便在 Active NameNode 失败时快速进行切换。

NameNode 之间共享数据有 NFS 和 JournalNodes 两种方案。CDH 支持 JournalNodes。两个 NameNode 为了数据同步,会通过一组称作 JournalNodes 的独立进程相互通信。当 Active 状态的 NameNode 的命名空间有任何修改时,会告知大部分的 JournalNodes 进程。Standby 状态的 NameNode 有能力读取 JournalNodes 中的变更信息,并且一直监控 EditLog 的变化,把变化应用于自己的命名空间。Standby NameNode 可以确保在集群出错时,命名空间状态已经完全同步了。

下面主要讲述如何使用 Cloudera Manager 启用 HDFS 的 HA。

步骤01 使用管理员用户 Admin 登录 Cloudera Manager 的 Web 管理界面,进入 HDFS 服务,单击 "Enable High Avaiability",如图 4-22 所示。

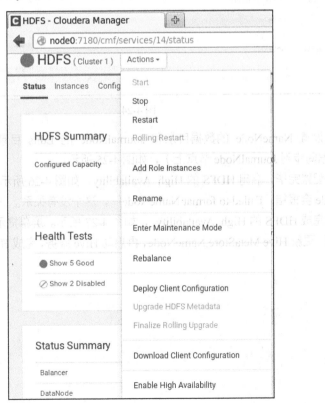

图 4-22

步骤02 设置 NameService Name，如图 4-23 所示。

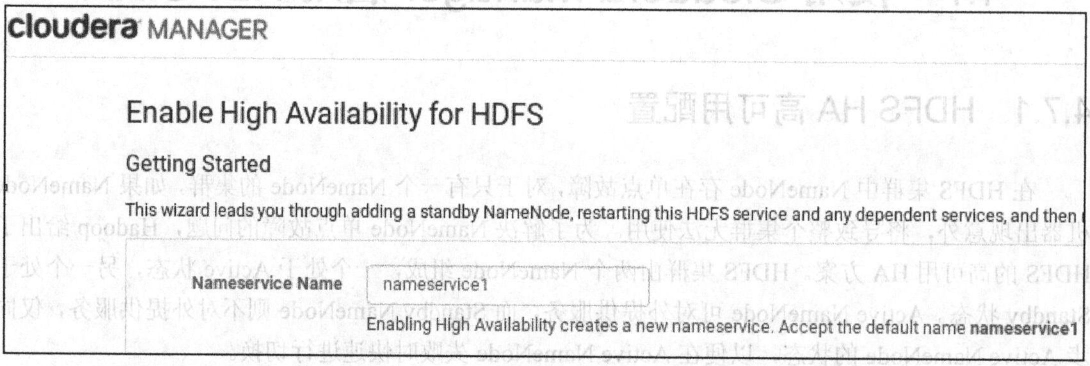

图 4-23

步骤03 选择 NameNode 主机及 JournalNode 主机，如图 4-24 所示。运行 NameNode 的服务器应该有相同的硬件配置。JournalNode 服务器上运行的 JournalNode 进程非常轻量，可以部署在其他的服务器上，但必须允许至少 3 个节点而且必须是奇数个，如 3、5、7、9 等。

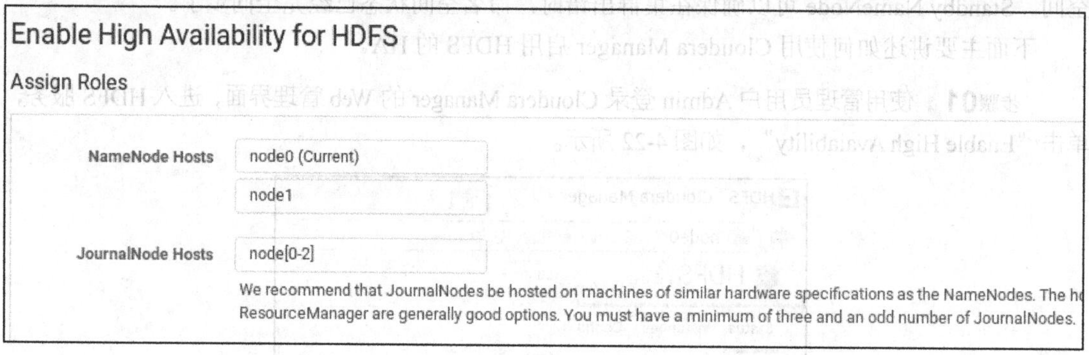

图 4-24

步骤04 设置 NameNode 的数据目录和 JournalNode 的 Edits 目录（把 NameNode 上的 namespace 元数据同步到 JournalNode 节点上），如图 4-25 所示。

步骤05 配置完毕，启用 HDFS 的 High Availability，如图 4-26 所示。如果集群已有数据，格式化 NameNode 会报错"Failed to format NameNode"，这个没有关系。

步骤06 完成 HDFS 的 High Availability，如图 4-27 所示。屏幕提示进入 Hive 服务并停止 Hive 的所有服务，更新 Hive MetaStore NameNode，再启动 Hive 服务，完成 HiveMetastore NameNode 更新。

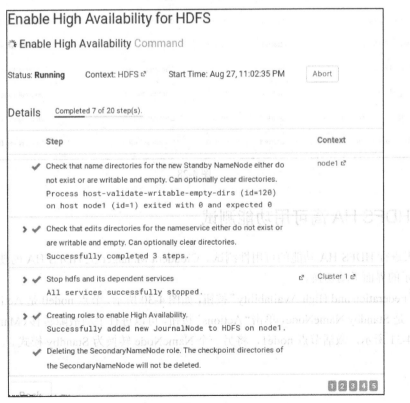

图 4-25

图 4-26

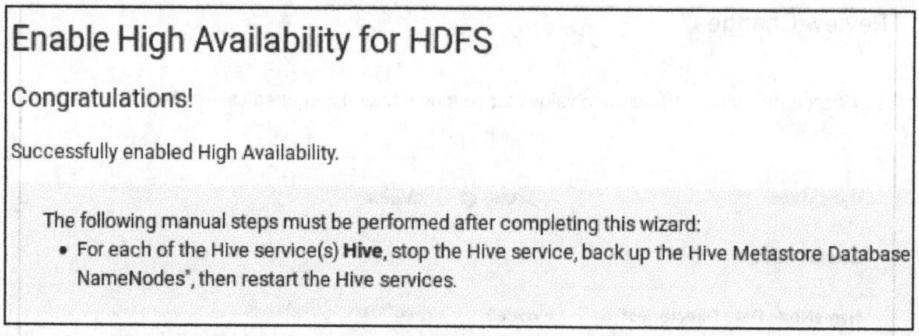

```
Enable High Availability for HDFS
Congratulations!
Successfully enabled High Availability.

The following manual steps must be performed after completing this wizard:
 • For each of the Hive service(s) Hive, stop the Hive service, back up the Hive Metastore Database
   NameNodes*, then restart the Hive services.
```

图 4-27

步骤07 HDFS 的 HA 配置成功后,通过实例列表(见图 4-28)可以看到启用 HDFS HA 后增加了 NameNode、Failover Controller 及 JouralNode 服务,并且服务都正常启动,至此已完成了 HDFS HA 的启用。

Role Type	State	Host	Commission State	Role Group
Balancer	N/A	node0	Commissioned	Balancer Default Group
DataNode	Started	node1	Commissioned	DataNode Default Group
DataNode	Started	node2	Commissioned	DataNode Group 1
DataNode	Started	node0	Commissioned	DataNode Default Group
Failover Controller	Started	node1	Commissioned	Failover Controller Default Group
Failover Controller	Started	node0	Commissioned	Failover Controller Default Group
JournalNode	Started	node1	Commissioned	JournalNode Default Group
JournalNode	Started	node2	Commissioned	JournalNode Default Group
JournalNode	Started	node0	Commissioned	JournalNode Default Group
NameNode (Standby)	Started	node1	Commissioned	NameNode Default Group
NameNode (Active)	Started	node0	Commissioned	NameNode Default Group

图 4-28

4.7.2 HDFS HA 高可用功能测试

接下来进行 HDFS HA 功能的可用性测试。Cloudera Manager 上 HDFS HA 的使用可以通过如图 4-29 所示的界面手动切换。

单击"Federation and High Availability"按钮,如图 4-30 所示,节点 node0 是 Active NameNode,节点 node1 是 Standby NameNode,单击"Actions"按钮,可以进行手动故障转移(Manual Failover)。

如图 4-31 所示,激活节点 node1,将另一个 NameNode 转换为 Standby 模式。

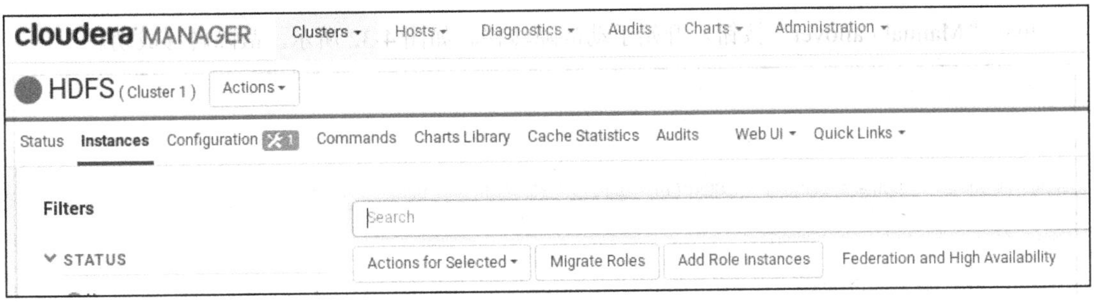

图 4-29

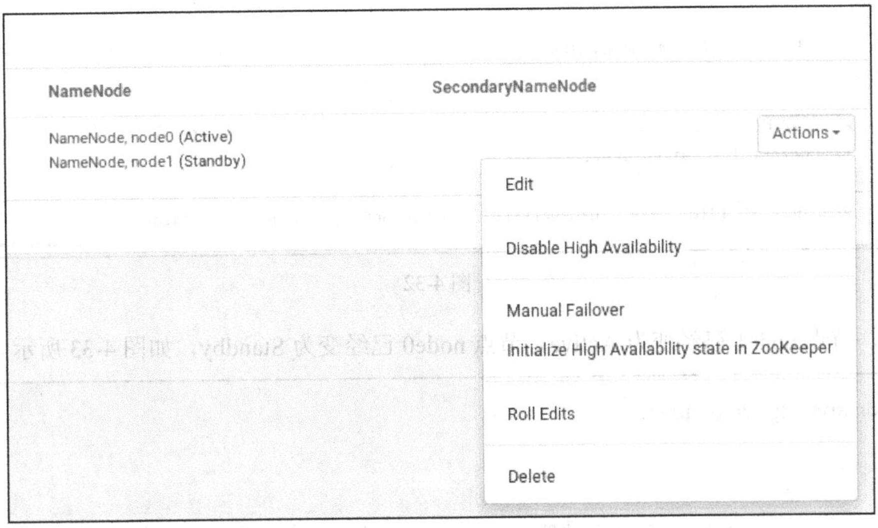

图 4-30

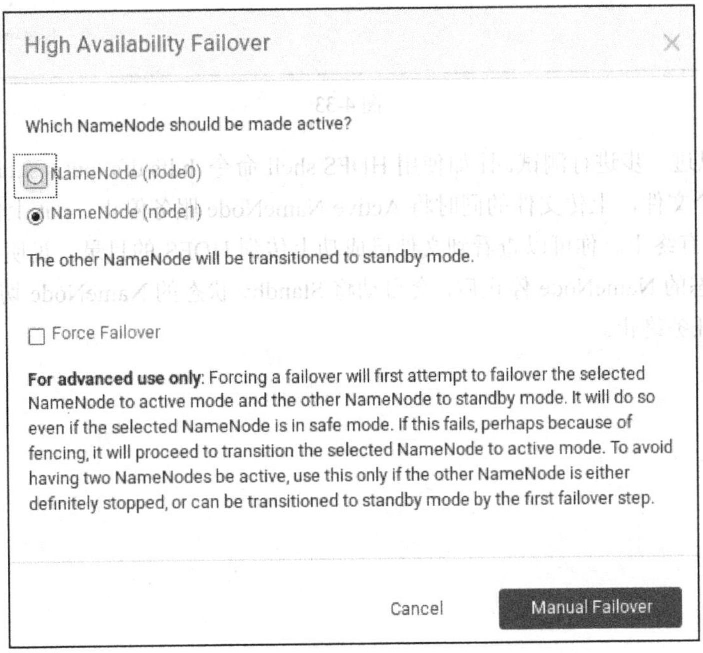

图 4-31

单击"Manual Failover"按钮，开始手动故障转移。如图 4-32 所示，故障转移成功。

图 4-32

此时，节点 node1 已经变为 Active，节点 node0 已经变为 Standby，如图 4-33 所示。

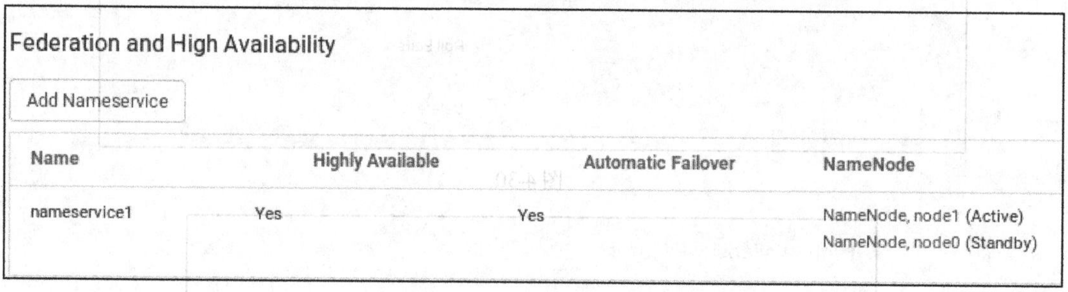

图 4-33

另外，还可以进一步进行测试。比如使用 HDFS shell 命令 hdfs dfs -put test.tar.gz /tmp 向 HDFS 集群目录上传一个文件，上传文件的同时将 Active NameNode 服务停止，put 上传数据报错，但是 put 上传任务并没有终止。你可以查看到文件已成功上传到 HDFS 的目录，说明在 put 上传文件的过程中 Active 状态的 NameNode 停止后，会自动将 Standby 状态的 NameNode 切换为 Active 状态，未造成 HDFS 的任务终止。

第 5 章

分布式计算框架 MapReduce

MapReduce 最早是由谷歌公司研究出的一种面向大规模数据处理的并行计算模型和方法。谷歌公司设计 MapReduce 的初衷主要是为了解决其搜索引擎中大规模网页数据的并行化处理问题。但由于 MapReduce 可以普遍应用于很多大规模数据的计算问题，因此自 MapReduce 推出以后，已经事实上成为大数据并行处理的行业标准。大家普遍认为，MapReduce 是到目前为止最为成功和最广为接受的大数据并行处理技术。

5.1 MapReduce 概述

海量数据在单机上处理时，因为硬件资源限制无法胜任，而一旦将单机版程序扩展到集群来分布式运行，将极大地增加程序的复杂度和开发难度。所以分布式并行计算编程模型 MapReduce 应运而生。

MapReduce 是一个分布式并行计算的编程框架，是用户开发"基于 Hadoop 的数据分析应用"的核心框架。MapReduce 核心功能是将用户编写的业务逻辑代码和自带默认组件整合成一个完整的分布式运算程序，并发运行在一个 Hadoop 集群上。引入 MapReduce 框架后，开发人员可以将绝大部分工作集中在业务逻辑的开发上，而将分布式计算中的复杂性交由框架来处理。

传统 MPI 实现的东西很多，风格很自由，编程麻烦，需要处理数据切分、数据分发。而 MapReduce 基础出发点是很容易懂。MapReduce 由称为 Map 和 Reduce 的两部分用户程序组成，用户只需要实现 map() 和 reduce() 两个函数，即可实现分布式计算，非常简单。这两个函数的形参是 key、value 对，表示函数的输入信息。它利用框架在计算机集群上，根据需求运行多个程序实例来处理各个子任务，然后再对结果进行归并。所以开发人员只要关注如何使用 Map 和 Reduce 两个函数编程实现基本的并行计算任务，而不需要处理并行编程中其他复杂的问题。

5.2 MapReduce 原理介绍

5.2.1 工作流程概述

MapReduce 采用"分而治之"的思想，把对大规模数据集的操作，分发给一个主节点管理下的各个分节点共同完成，然后通过整合各个节点的中间结果，得到最终结果。简单地说，MapReduce 就是"任务的分解与结果的汇总"。

如图 5-1 所示，在分布式计算中，MapReduce 框架负责处理了并行编程中分布式存储、工作调度、负载均衡、容错处理以及网络通信等复杂问题，把处理过程高度抽象为两个函数：Map 和 Reduce。MapReduce 采用"分而治之"策略，一个存储在 HDFS 分布式文件系统中的大规模数据集，会被切分成许多独立的 Split 分片，每一个分片对应一个 Map 任务，这些分片可以被多个 Map 任务并行处理。当 Map 任务结束后，会生成以<key,value>键值对形式表示的许多中间结果。具有相同 Key 的<key,value>会发送到同一个 Reduce 任务那里，Reduce 负责把中间结果进行汇总计算，并把结果输出到 HDFS 分布式文件系统中。

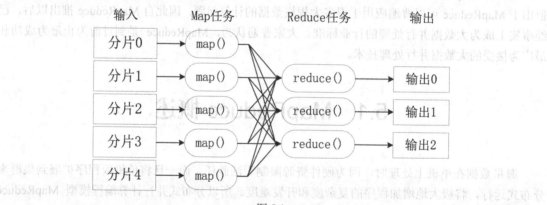

图 5-1

通俗地说，MapReduce 的模式就是将大数据集分解成百上千的小数据集，每个数据集分别由集群中的一个节点进行处理并生成中间结果，然后这些中间结果又由大量的节点进行合并，形成最终结果。

所有的数据交换都是通过 MapReduce 框架自身去实现的，在 MapReduce 的整个处理过程中，Map 任务的输入文件，Reduce 任务的处理结果都是保存在 HDFS 分布式文件系统中，而 Map 任务处理得到的中间结果保存在本地磁盘中。

5.2.2 MapReduce 框架的优势

MapReduce 的实现就是编写 MapReduce 过程中的 map 函数和 reduce 函数，这两个函数由用户负责编写。一个 MapReduce 作业通常会把输入的数据文件分割成若干数据块，交给 map 任务并行处理，MapReduce 框架自动对 map 的输出进行排序、合并后，将结果传递给 reduce 任务，最终得到输出结果。一般来说，作业的输入和输出都存储在分布式的文件存储系统中，框架的主要功能就是负责资源管理和任务调度监控，保证作业正常稳定完成。

MapReduce 作为分布式计算框架，有如下优势：

- 可以处理多种类型的数据，如文本数据、传感器数据、多媒体数据、图像数据等。
- 动态灵活的资源管理和调度，不会出现计算节点闲置或过载，可调度任务到最近的数据节点，兼顾长/短任务。
- 将很多并行编程的烦琐细节隐藏起来，简化程序员编程工作。
- 可扩展性非常好，可动态增加计算节点，真正实现弹性计算。

5.2.3 MapReduce 执行过程

用 MapReduce 处理的数据集（或任务）必须具备这样的特点：待处理的数据集可以分解成许多小的数据集，而且每一个小数据集都可以完全并行地进行处理。

MapReduce 执行过程简要说明如下：

（1）读取 HDFS 文件内容，把内容中的每一行解析成一个个的<key, value>键值对。

（2）自定义 map 函数，编写自己的业务逻辑，对输入的<key, value>处理，转换成新的<key, value>输出作为中间结果。

（3）为了让 reduce 可以并行处理 map 的结果，根据业务要求需要对 map 的输出进行一定的分区（Partition）。对不同分区上的数据，按照 key 进行排序分组，相同 key 的 value 放到一个集合中，把分组后的数据进行归约。每个 reduce 会接收各个 map 中相同分区中的数据，对多个 map 任务的输出，按照不同的分区通过网络 copy 到不同 reduce 节点。这个过程称为 Shuffle 洗牌。即 Shuffle 就是把我们 map 中的数据分发到 reduce 中去的一个过程。

（4）对多个 map 任务的输出进行合并、排序、写 reduce 函数自己的业务逻辑,对输入的<key,value>键值对进行处理，转换成新的<key,value>输出。

（5）把 reduce 的输出保存到新的文件中。

5.3 MapReduce 编程——单词示例解析

WordCount 单词计数是最简单也是最能体现 MapReduce 思想的程序之一，可以称为 MapReduce 版 "Hello World"，该程序的完整代码可以在 Hadoop 安装包的 src/examples 目录下找到。单词计数主要完成功能是：统计一系列文本文件中每个单词出现的次数，示意图如图 5-2 所示。

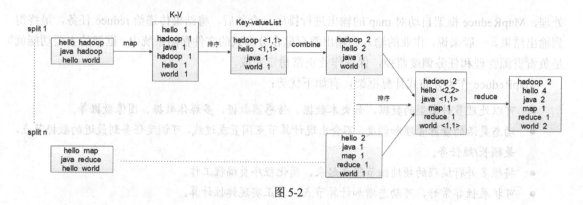

图 5-2

处理过程说明如下：

（1）将文件拆分成 split（分片），每一个 split 对应不同机器上的 map 任务，并行执行完成从文件中解析出所有单词的任务，map 输入采用<key, value>输入方式，即文件行号作为 key，文件的一行作为 value。

（2）将分割好的<key,value>对交给用户定义的 map 方法进行处理，生成新的<key,value>对。得到 map 方法输出的<key,value>对后，map 会将它们按照 key 值进行排序，并执行 Combine 过程，将 key 值相同的 value 值累加，得到 map 最终输出结果。

（3）reduce 先对从 map 接收的数据进行排序，再交由用户自定义的 reduce 方法进行处理，得到新的<key,value>对，并作为 WordCount 的输出结果。

5.4 MapReduce 应用开发

5.4.1 配置 MapReduce 开发环境

启动 Eclipse，新建一个 Java Project，在编写 MapReduce 代码时需要用到 Hadoop 源文件中的部分 JAR 包，就像在编写纯 Java 代码时需要使用 Java 自带的依赖包一样，这里需要把相应的 Hadoop 编程 API 所需 JAR 包导入（点击 "Add External JARs…" 按钮导入），如图 5-3 所示。

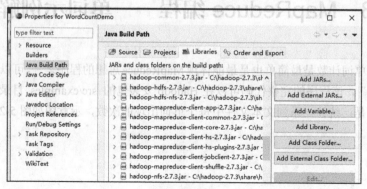

图 5-3

需要把下面列出的目录下的 JAR 包导入，这里我们假设开发环境的操作系统是 Windows，Hadoop 源文件解压在 C:\hadoop-2.7.3 目录下：

- C:\hadoop-2.7.3\share\hadoop\common
- C:\hadoop-2.7.3\share\hadoop\common\lib
- C:\hadoop-2.7.3\share\hadoop\mapreduce
- C:\hadoop-2.7.3\share\hadoop\mapreduce\lib
- C:\hadoop-2.7.3\share\hadoop\common\lib
- C:\hadoop-2.7.3\share\hadoop\hdfs
- C:\hadoop-2.7.3\share\hadoop\hdfs\lib

5.4.2 编写和运行 MapReduce 程序

在 Eclipse 的 Package Explorer 中找到刚才创建好的 project 名称上右击，在弹出的菜单中选择 New→Class，新建 Java 类，文件名如 WordCountDemo。

WordCount 单词计数主要完成的功能是：统计一系列文本文件中每个单词出现的次数，可以说是 MapReduce 编程开发中的经典入门例子了。

程序源代码如下：

```java
import java.io.IOException;
import java.util.Iterator;
import java.util.StringTokenizer;
import org.apache.hadoop.conf.Configuration;
import org.apache.hadoop.fs.Path;
import org.apache.hadoop.io.IntWritable;
import org.apache.hadoop.io.Text;
import org.apache.hadoop.mapreduce.Job;
import org.apache.hadoop.mapreduce.Mapper;
import org.apache.hadoop.mapreduce.Reducer;
import org.apache.hadoop.mapreduce.lib.input.FileInputFormat;
import org.apache.hadoop.mapreduce.lib.output.FileOutputFormat;
import org.apache.hadoop.util.GenericOptionsParser;

public class WordCountDemo {
    public WordCountDemo() {
    }

    public static void main(String[] args) throws Exception {
        Configuration conf = new Configuration();
        String[] otherArgs = (new GenericOptionsParser(conf, args)).getRemainingArgs();
        if(otherArgs.length < 2) {
            System.err.println("Usage: WordCountDemo <in> [<in>...] <out>");
            System.exit(2);
        }

        Job job = Job.getInstance(conf, "word count");
        job.setJarByClass(WordCountDemo.class);
```

```java
        job.setMapperClass(WordCountDemo.TokenizerMapper.class);
        job.setCombinerClass(WordCountDemo.IntSumReducer.class);
        job.setReducerClass(WordCountDemo.IntSumReducer.class);
        job.setOutputKeyClass(Text.class);
        job.setOutputValueClass(IntWritable.class);

        for(int i = 0; i < otherArgs.length - 1; ++i) {
            FileInputFormat.addInputPath(job, new Path(otherArgs[i]));
        }

        FileOutputFormat.setOutputPath(job, new
Path(otherArgs[otherArgs.length - 1]));
        System.exit(job.waitForCompletion(true)?0:1);
    }

    public static class IntSumReducer extends Reducer<Text, IntWritable,
Text, IntWritable> {
        private IntWritable result = new IntWritable();

        public IntSumReducer() {
        }

        public void reduce(Text key, Iterable<IntWritable> values,
Reducer<Text, IntWritable, Text, IntWritable>.Context context) throws
IOException, InterruptedException {
            int sum = 0;

            IntWritable val;
            for(Iterator i$ = values.iterator(); i$.hasNext(); sum +=
val.get()) {
                val = (IntWritable)i$.next();
            }

            this.result.set(sum);
            context.write(key, this.result);
        }
    }

    public static class TokenizerMapper extends Mapper<Object, Text, Text,
IntWritable> {
        private static final IntWritable one = new IntWritable(1);
        private Text word = new Text();

        public TokenizerMapper() {
        }

        public void map(Object key, Text value, Mapper<Object, Text, Text,
IntWritable>.Context context) throws IOException, InterruptedException {
            StringTokenizer itr = new StringTokenizer(value.toString());

            while(itr.hasMoreTokens()) {
                this.word.set(itr.nextToken());
                context.write(this.word, one);
            }
```

```
            }
        }
    }
```

  MapReduce 在名称上就表现出它的核心原理，它是由两个阶段任务组成，一个是 Map 任务，另一个是 Reduce 任务。

  编写 TokenizerMapper 类继承 org.apache.hadoop.mareduce 包中的 Mapper 类，并重写了 map 方法。StringTokenizer 是一个用来分割 String 的应用类，它会将传入的 String 字符串按照分隔符进行分割，默认分隔符是空格、制表符、换行符和回车符。map 方法的输出得到若干组键值对，提交给 Reduce 任务处理。

  编写 IntSumReducer 类继承 org.apache.hadoop.mareduce 包中的 Reduce 类，并重写 reduce 方法，Reduce 任务处理所有的键值对数据，按键名把对应的值进行汇总，也就是将各单词对应的频数进行累计。这里 reduce 方法中遍历 values 并求和，即可得到某个单词的总次数。

  为了能让 TokenizerMapper 类和 IntSumReducer 类能够协同工作，完成最终的词频统计任务，要在主函数 Main 中通过 Job 类设置 Hadoop 程序运行时的环境变量，进行 MapReduce 程序的初始化设置，提交任务并等待任务运行结束。

  WordCountDemo 代码完成后需要打包成 .jar 文件（在项目名称上右击，选择"Export"，在弹出对话框中选择 JAR file），放到 Hadoop 集群上运行。这里只需要把 JAR 包放入到 NameNode 中，使用相应的 Hadoop 命令即可，Hadoop 集群会自己把任务传送给需要运行任务的节点。

  首先，准备测试文件，如图 5-4 所示。

```
[hdfs@node0 ~]$ hdfs dfs -mkdir /input
[hdfs@node0 ~]$ cat >file1.txt <<EOF
> hello world our world
> hello bigdata real bigdata
> EOF
[hdfs@node0 ~]$ cat >file2.txt <<EOF
> hello hadoop great hadoop
> hadoop mapreduce
> EOF
[hdfs@node0 ~]$ hdfs dfs -put /var/lib/hadoop-hdfs/file1.txt /input
[hdfs@node0 ~]$ hdfs dfs -put /var/lib/hadoop-hdfs/file2.txt /input
[hdfs@node0 ~]$
```

图 5-4

  把任务提交到 Hadoop 集群中执行，在 Hadoop 中运行 jar 任务需要使用命令：hadoop jar [jar 文件位置] [jar 主类] [HDFS 输入位置] [HDFS 输出位置]，如图 5-5 所示（篇幅所限，只粘贴了一部分命令）。Hadoop 命令会启动一个 JVM 来运行这个 MapReduce 程序，这个 job 被赋予了一个 ID 号：job_1535171496909_0001，而且得知输入文件有两个（Total input paths to process : 2），同时还可以了解 map 的输入输出记录（record 数及字节数），以及 reduce 输入输出记录。

```
[hdfs@node0 ~]$ hadoop jar /opt/WordCountDemo.jar /input  /output
18/08/27 12:42:05 INFO client.RMProxy: Connecting to ResourceManager at node0/10.10.75.100:8032
18/08/27 12:42:09 INFO input.FileInputFormat: Total input paths to process : 2
18/08/27 12:42:09 INFO mapreduce.JobSubmitter: number of splits:2
18/08/27 12:42:10 INFO mapreduce.JobSubmitter: Submitting tokens for job: job_1535171496909_0001
18/08/27 12:42:12 INFO impl.YarnClientImpl: Submitted application application_1535171496909_0001
18/08/27 12:42:12 INFO mapreduce.Job: The url to track the job: http://node0:8088/proxy/application_1535171496909_0001/
18/08/27 12:42:12 INFO mapreduce.Job: Running job: job_1535171496909_0001
18/08/27 12:42:37 INFO mapreduce.Job: Job job_1535171496909_0001 running in uber mode : false
18/08/27 12:42:37 INFO mapreduce.Job:  map 0% reduce 0%
18/08/27 12:43:10 INFO mapreduce.Job:  map 50% reduce 0%
18/08/27 12:43:26 INFO mapreduce.Job:  map 100% reduce 0%
18/08/27 12:43:47 INFO mapreduce.Job:  map 100% reduce 100%
18/08/27 12:43:49 INFO mapreduce.Job: Job job_1535171496909_0001 completed successfully
18/08/27 12:43:50 INFO mapreduce.Job: Counters: 49
```

图 5-5

任务运行成功，查看任务输出结果，如图 5-6 所示。

```
[hdfs@node0 ~]$ hdfs dfs -ls /output
Found 2 items
-rw-r--r--   2 hdfs supergroup          0 2018-08-27 12:43 /output/_SUCCESS
-rw-r--r--   2 hdfs supergroup         68 2018-08-27 12:43 /output/part-r-00000
[hdfs@node0 ~]$ hdfs dfs -text /output/part-r-00000
bigdata 2
great   1
hadoop  3
hello   3
mapreduce       1
our     1
real    1
world   2
[hdfs@node0 ~]$
```

图 5-6

至此，一个 MapReduce 程序的开发过程就结束了。另外，Hadoop jobhistory 记录下已运行完 MapReduce 作业信息，这样我们就可以在机器的 19888 端口上打开历史服务器的 Web UI 界面，查看已经运行完的作业情况，如图 5-7 所示。在 Web UI 中展现了每个 job 使用的 Map/Reduce 的数量、作业提交时间、作业启动时间、作业完成时间、Job ID、提交人（User）、队列等。

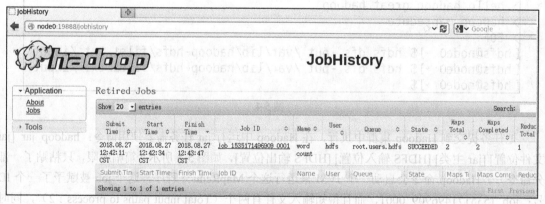

图 5-7

第6章

资源管理调度框架 YARN

MapReduce1.0 固有的缺陷，如 JobTasker 任务过重，存在单点故障等问题，Hadoop2.0 以后的版本针对 MapReduce1.0 进行体系架构重新设计，这就有了 YARN。在 Hadoop2.0 版本中，YARN 提供资源管理调度服务，MapReduce 不再负责资源调度管理，只是运行在 YARN 之上的一个纯粹的计算框架。

6.1 YARN 产生背景

MapReduce 1.0 架构的缺陷，最严重的限制主要是可伸缩性、资源利用和对与 MapReduce 不同的工作负载的支持。

如图 6-1 所示，在 MapReduce1.0 框架中，有一个称为 JobTracker 的主要进程，它协调在集群上运行的所有作业，分配要在 TaskTracker 上运行的 map 和 reduce 任务；而称为 TaskTracker 的下级进程，它们运行分配的任务并定期向 JobTracker 报告进度。JobTracker 既要负责作业调度和状态监控，又要负责资源管理分配。JobTracker 需要巨大的内存开销，当存在非常多的 MapReduce 任务时，就会造成 JobTracker 失败。

大型的 Hadoop 集群显现出了由单个 JobTracker 导致的可扩展瓶颈。JobTracker 是集群事务的集中处理点，存在单点故障。JobTracker 需要完成的任务太多，既要承载客户端提交 job 的分发和调度，又要管理所有 job 的失败、重启，监视每个 DataNode 的资源利用情况，造成过多的资源消耗。在 TaskTracker 端，用 map/reduce task 作为资源的表示过于简单，没有考虑到 CPU、内存等资源情况。

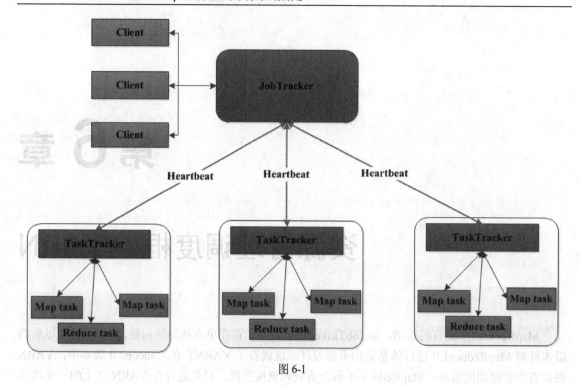

图 6-1

6.2 YARN 框架介绍

为了解决可扩展性问题,一个绝妙的想法应运而生,这就是责任解耦。我们减少了单个 JobTracker 的职责,将部分职责委派给 TaskTracker,因为集群中有许多 TaskTracker。在新设计中,这个概念通过将 JobTracker 的双重职责(集群资源管理和任务协调)分开。新一代的资源管理调度框架 YARN 出现了,它是一个通用资源管理系统,可为上层应用提供统一的资源管理和调度。在 YARN 框架中,ResourceManager 负责整个集群的资源管理和分配,而任务协调工作交给 ApplicationMaster,如图 6-2 所示。

其中要点如下:

(1)ResourceManager(简称 RM),ResourceManager 是 YARN 的核心组件,它一般分配在主节点上,其主要功能是负责系统资源的管理和分配。

(2)ApplicationMaster 代替了原来的 JobTracker,每当用户提交了一个应用程序,就会为这个应用程序产生一个对应的 ApplicationMaster,并且这个单独进程是在其中一个子节点上运行的。它的主要功能:为运行应用向 ResourceManager 申请资源、在 job 中对 Task 实行调度、与 NodeManager 通信以启动或者停止任务、监控所有任务的运行情况,并且在任务失败的情况下,重新为任务申请资源并且重启任务。

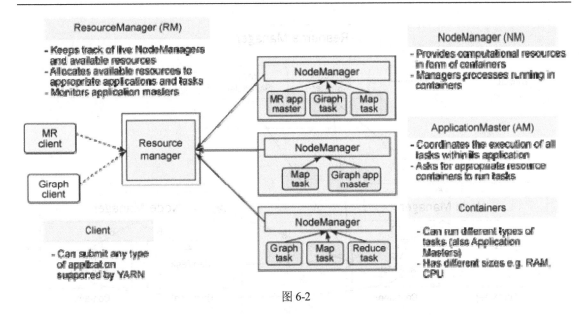

图 6-2

（3）NodeManager（简称 NM）代替原来的 TaskTracker。NM 是每个子节点上的资源和任务管理器，一方面，它会定向通过心跳信息向 RM 汇报本节点上的资源使用情况和各个 Container 的运行情况；另一方面，它会接收并且处理来自 AM 的 Container 启动和停止的各种请求。

（4）Container 是 YARN 中对系统资源的抽象，同时它也是系统资源分配的基本单位，它封装节点上多维度资源，其中包括 CPU、内存、磁盘、网络等。YARN 会为每个任务分配一个 Container，并且该任务只能够使用该 Container 中所描述的资源。值得注意的是，YARN 中的 Container 是一个动态的资源划分单位，它是根据实际提交的应用程序所需求的资源自动生成的，换句话说，Container 里边所描述的 CPU、内存等资源是根据实际应用程序需求而变化的。

（5）一个分布式应用程序代替一个 MapReduce 作业。

在整个 YARN 资源管理系统当中，ResourceManager 作为 Master，各个节点的 NodeManager 作为 Slave。ResourceManager 组件和 HDFS 的名称节点 NameNode 部署在一个节点上，YARN 的 ApplicationMaster 以及 NodeManager 是和 HDFS 的数据节点 DataNode 部署在一起的，YARN 中的 Container 容器（代表计算资源）也是和 HDFS 的数据节点 DataNode 在一起。各个节点上 NodeManager 的资源由 ResourceManager 统计进行管理和调度。当应用程序提交后，会有一个单独的 Application 来对该应用程序进行跟踪和管理，同时该 Application 还会为该应用程序向 Resource 申请资源，并要求 NodeManager 启动该应用程序占用一定资源的任务。

6.3 YARN 工作原理

当用户给 YARN 提交了一个应用程序后，YARN 的主要工作流程如图 6-3 所示（图中 Yarn 即 YARN）。

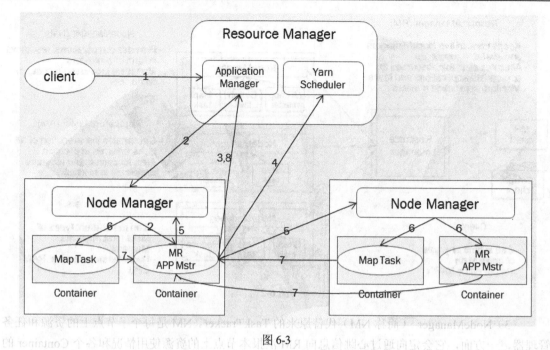

图 6-3

YARN 的主要工作流程说明如下：

步骤01 用户编写客户端应用程序，向 YARN 中提交应用程序，其中包括 ApplicationMaster 程序、启动 ApplicationMaster 的命令、用户程序等。

步骤02 ResourceManager 接到客户端应用程序的请求，会为该应用程序分配一个 Container，同时 ResourceManager 的 Application Manager 会与该容器所在的 NodeManager 通信，要求它在这个 Container 中启动一个 ApplicationMaster。

步骤03 ApplicationMaster 被创建后首先向 ResourceManager 注册，这样用户可以直接通过 ResourceManager 查看应用程序的运行状态，然后它将为各个任务申请资源，并监控它的运行状态，直到运行结束，即重复步骤 4 到步骤 7。

步骤04 ApplicationMaster 采用轮询的方式，通过 RPC 协议向 ResourceManager 申请和领取资源。

步骤05 一旦 ApplicationMaster 申请到资源后，就会与该容器所在的 NodeManager 通信，要求它启动任务。

步骤06 NodeManager 会为任务设置好运行环境（包括环境变量、JAR 包、二进制程序等）后，将任务启动命令写到一个脚本中，最后通过在容器中运行该脚本来启动任务。

步骤07 各个任务通过某个 RPC 协议向 ApplicationMaster 汇报自己的状态和进度，从而让 ApplicationMaster 随时掌握各个任务的运行状态，以便可以在任务失败时重新启动任务。在应用程序运行过程中，用户可随时通过 RPC 向 ApplicationMaster 查询应用程序的当前运行状态。

步骤08 应用程序运行完成后，ApplicationMaster 向 ResourceManager 的 Application Manager 注销并关闭自己。若 ApplicationMaster 因故失败，ResourceManager 中 Application Manager 会监测到失败，然后将其重新启动，直到所有的任务执行完毕。

6.4 YARN 框架和 MapReduce1.0 框架对比

两个框架最大的区别在于原来 MapReduce 框架中的 JobTracker 和 TaskTracker 不见了，取而代之的是 ResourceManager、NodeManager 和 Application Master 这三个组件。

NodeManager 功能比较专一，就是负责 Container 状态的维护，并向 ResourceManger 保持心跳。Application Master 负责一个 Job 生命周期内的所有工作，类似老的框架中 JobTracker。但注意每一个 Job 都有一个 Application Master，它可以运行在 ResourceManager 以外的机器上。

ResourceManager 只需负责资源管理，而任务调度和监控重启任务就交给 Application Master 做了。ResourceManager 中有一个模块叫 ApplicationsManager，它用于监测 Application Master 的运行状况，如果出问题，会将其在其他机器上重启。

总而言之，YARN 相对于 MapReduce1.0 有如下优势：

（1）ResourceManager 比 JobTracker 大大减少了资源消耗。ResourceManager 起到了 JobTracker 的资源分配的作用，它做的关于作业调度的工作就只有启动、监控每个作业所属的 Application Master，并重启故障的 Application Master。它不再负责作业里面的不同任务的监控、调度和重启每个 Task。这样使得单点故障的影响变小，恢复更加容易。

（2）MapReduce1.0 既是计算框架又是资源管理调度框架，但只能支持 MapReduce 编程模型。而在新框架中，Application Master 是可变的，可以为不同的计算框架编写自己的 Application Master，使得更多的计算框架可以运行在 Hadoop 集群上。YARN 上面可以运行各种计算框架（包括 MapReduce、Spark、Storm 等）。

（3）YARN 的资源管理更加高效，YARN 采用 Container 为单位进行资源管理。Container 很好地起到了资源隔离的作用，让资源更好地被利用起来。

6.5 CDH 集群的 YARN 参数调整

YARN 内存分配与管理优化，主要涉及 ResourceManager、ApplicationMaster、NodeManager、Container 这几个概念，CDH5 版本中，同时集成了 MapReduceV1 和 MapReduceV2（YARN）两个版本，如果集群中需要使用 YARN 做统一的资源调度，建议使用 YARN。

根据 CPU 和内存公平调度资源。CDH 动态资源池默认采用的 DRF（即 Dominant Resource Fairness）计划策略。简单地理解，就是内存不够的时候，多余的 CPU 就不会分配任务了，就让它空闲着；CPU 不够的时候，多出来的内存也不会再启动任务了。

YARN 启动任务时资源相关的参数，有如下几个参数可能会产生影响：

- mapreduce.map.memory.mb，map 任务内存。
- mapreduce.map.cpu.vcores，map 任务虚拟 CPU 核数。
- mapreduce.reduce.memory.mb，reduce 任务内存。
- mapreduce.reduce.cpu.vcores，reduce 任务虚拟 CPU 核数。

- yarn.nodemanager.resource.memory-mb，容器内存。
- yarn.nodemanager.resource.cpu-vcores，容器虚拟CPU核数。
- yarn.scheduler.maximum-allocation-mb，分配给容器可申请的最大内存。
- yarn.scheduler.maximum-allocation-vcores，分配给容器最大虚拟CPU核数。

比如将 yarn.nodemanager.resource.memory-mb 配置成了 16GB，甚至更大些（机器内存128GB），如图6-4所示。

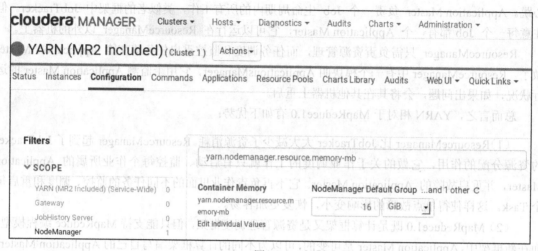

图6-4

重启YARN后，再次启动MapReduce任务，测试结果会发现MapReduce任务确实快了很多。

Spark 的 on Yarn 模式，其资源分配是交给 YARN 的 ResourceManager 来进行管理的，比如，曾经有一个项目，启动Spark时报错，如图6-5所示。

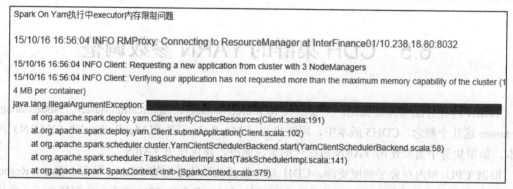

图6-5

解决方法如下：

从图6-5中可以看到验证Application需要的内存超过Container的最大内存，所以配置YARN中的 yarn.scheduler.maximum-allocation-mb 这个参数，使得Container的最大内存达到1024+384 MB以上。修改参数，如图6-6所示。

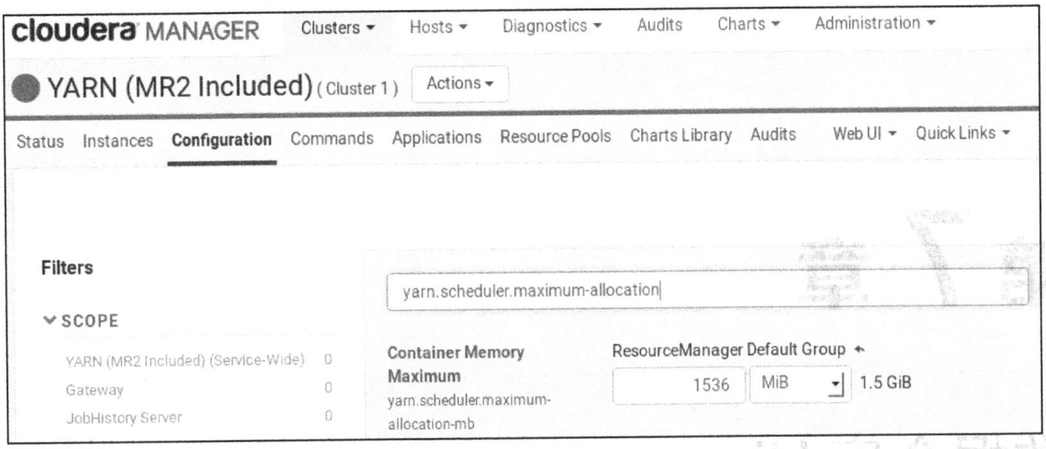
cloudera MANAGER
Clusters
Hosts
Diagnostics
Audits
Charts
Administration
YARN (MR2 Included) (Cluster 1)
Actions
Status
Instances
Configuration
Commands
Applications
Resource Pools
Charts Library
Audits
Web UI
Quick Links
Filters
SCOPE
YARN (MR2 Included) (Service-Wide) 0
Gateway 0
JobHistory Server 0
yarn.scheduler.maximum-allocation
Container Memory Maximum
yarn.scheduler.maximum-allocation-mb
ResourceManager Default Group
1536
MiB
1.5 GiB

图 6-6

第 7 章

数据仓库 Hive

Hive 是基于 Hadoop 的一个数据仓库工具,可以将类 SQL 语句转换为 MapReduce 任务进行运行。其优点是学习成本低,可以通过类 SQL 语句快速实现简单的 MapReduce 统计,不必开发专门的 MapReduce 应用。

7.1 Hive 简介

Hive 有什么用?举个例子,某个公司内部搭建的数据仓库是基于 MySQL 的。后来随着数据量的不断增加,这种传统的数据库扛不住了,于是换到了 Hadoop 大数据平台的数据体系,用 HDFS 集群来存储海量数据。现在问题来了,以前基于数据库的数据仓库用 SQL 语言就能做查询,现在换到 HDFS 上面,得跑 MapReduce 任务去做分析,这样以前做分析的人还得学 MapReduce 编程!于是就开发了一套新框架,就是用 SQL 来做 HDFS 的查询(用户输入的是 SQL 语言,框架内部把 SQL 转成 MapReduce 的任务,然后再去跑分析),这样 Hive 就诞生了。其实 Hive 就是一个 SQL 解析引擎,Hive 定义了简单的类 SQL 查询语言,它允许熟悉 SQL 语言的用户查询数据,它将 SQL 语句转译成 MapReduce 作业,然后在 Hadoop 中执行,来达到快速开发的目的。

举个例子,业务描述如图 7-1 所示,统计业务表 Customer.txt 中北京的客户有多少位?如果用所熟悉的 MapReduce 程序来实现这个业务分析,可能需要 90 行左右的代码。

```
id     city     name      sex
0001   beijing  zhangli   man
0002   guizhou  lifang    woman
0003   tianjin  wangwei   man
0004   chengde  wanghe    woman
0005   beijing  lidong    man
0006   lanzhou  wuting    woman
0007   beijing  guona     woman
0008   chengde  houkuo    man
```

图 7-1

如果用 Hive 来实现相同的功能，即统计业务表 Customer.txt 天津的客户有多少位？如图 7-2 所示，只要一条 SQL 语句。是不是感觉 Hive 这个运行框架非常酷？

```
hive> select city, count(*)
    > from Customer
    > where city='tianjin'
    > group by city;
```

图 7-2

Hive 的特点主要体现在：

（1）Hive 支持标准的 SQL 语法：Hive 免去了用户用 JAVA 语言编写 MapReduce 程序的过程，大大减少了开发成本。让那些精通 SQL 技能、但是不熟悉 MapReduce、Java 编程能力较弱的用户能够在 HDFS 集群上很方便地利用 SQL 语言查询、汇总、分析数据。

（2）Hive 是为大数据批量处理而生的：Hive 的出现解决了传统的关系型数据库（如 MySQL、Oracle）在大数据处理上的瓶颈，由于 Hive 是建立在 Hadoop 的分布式文件系统 HDFS 之上的，通过 MapReduce 计算框架来执行用户提交的任务，因此可以支持很大规模的数据。此外 Hive 的可扩展性和 Hadoop 的可扩展性是一致的。

（3）Hive 执行延迟高。之前提到，Hive 在查询数据的时候，由于没有索引，需要扫描整个表，因此延迟较高。另外一个导致 Hive 执行延迟高的因素是 MapReduce 计算框架。由于 MapReduce 本身具有较高的延迟，因此在利用 MapReduce 执行 Hive 查询时，也会有较高的延迟。由于数据的访问延迟较高，决定了 Hive 不适合实时数据查询，Hive 最佳使用场景是大数据集的批处理作业，比如网络日志分析。

7.2 Hive 体系架构和应用场景

7.2.1 Hive 体系架构

Hive 体系架构由多个组件组成的，如图 7-3 所示。

Hive 的体系结构可以分为以下几个部分。

（1）用户接口：CLI 命令行接口（Command Line Interface）、JDBC/ODBC、Web 接口。其中最常用的是 shell 这个客户端方式对 Hive 进行相应操作。

（2）Driver 驱动引擎组件（Hive 解析器）：包括编译器、优化器、执行器。功能就是根据用户编写的 Hive SQL 语句进行解析、编译优化、生成执行计划，然后调用底层 MapReduce 计算框架，形成对应的 MapReduce Job 进行执行。

（3）Hive 元数据（Metastore）：Hive 将元数据信息存储在关系数据库中，如 Derby（自带的）、MySQL（实际工作中配置的），因为 Derby 不支持多用户使用 Hive 访问存储在 Derby 中的 Metastore 数据，所以实际工作中，通常配置 MySQL 来存储 Metastore 数据。Hive 中的元数据信息包括表的名字、表的列和分区、表的属性（是否为外部表等）、表的数据所在的目录等。

(4) Hive 这个数据仓库的数据存储在 HDFS 中，业务实际分析计算是利用 MapReduce 执行的。

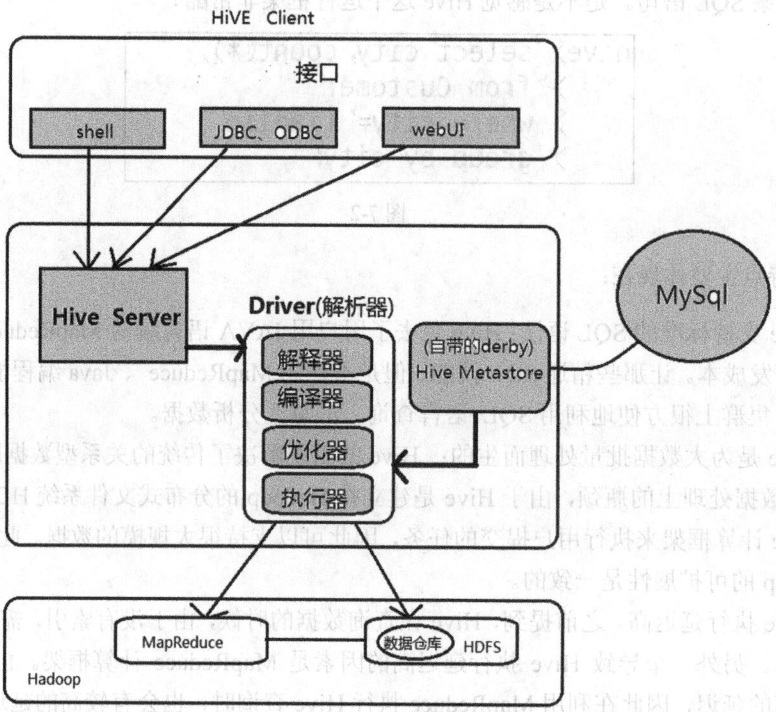

图 7-3

从上面的体系结构中可以看出，Hive 其实就是利用 Hive Driver 将用户的 SQl 语句解析成对应的 MapReduce 程序而已。Hive 本身不存储数据，而是管理存储在 HDFS 上的数据。由于 Hive 是针对数据仓库应用设计的，因此 Hive 中不支持对数据的改写和添加，所有的数据都是在加载的时候中确定好的。

7.2.2 Hive 应用场景

根据 Hive 的特点，其应用场景总结如下：

（1）Hive 不是一个完整的数据库，它依托并受到 HDFS 的限制。其中最大的限制就是 Hive 不支持记录级别的更新、插入或者删除操作。

（2）Hadoop 是一个面向批处理的系统，任务的启动需要消耗较长的时间，所以 Hive 查询延时比较严重。传统数据库秒级查询的任务在 Hive 中也需要执行较长的时间。如果是交互式查询的场景，建议使用 Impala。

（3）Hive 不支持事务。

综上所述，Hive 不支持 OLTP（On-Line Transaction Processing），而更接近成为一个 OLAP（On-Line Analytical Processing）工具。而且仅仅是接近于 OLAP，因为 Hive 的延时性，它还没有满足 OLAP 中的"联机"部分。因此，Hive 是最适合数据仓库应用程序的，不需要快速响应给出结果，可以对海量数据进行相关的静态数据分析、数据挖掘，然后形成决策意见或者报表等。

那么，如果用户需要对大规模数据使用 OLTP 功能又该如何处理呢？此时我们应该选择一个 NoSQL 数据库如 HBase，这种数据库的特点就是随机查询速度快，可以满足实时查询的要求。

7.3　Hive 的数据模型

Hive 管理数据的方式主要包括如下几种：内部表、外部表、分区和 Bucket（桶）。Hive 的数据存储在 Hadoop 分布式文件系统中。Hive 本身是没有专门的数据存储格式，也没有为数据建立索引，只需要在创建表的时候告诉 Hive 数据中的列分隔符和行分隔符，Hive 就可以解析数据。所以往 Hive 表里面导入数据只是将数据复制到 Hive 表所在的 HDFS 目录中。

7.3.1　内部表

Hive 的表逻辑上由存储的数据和描述表格中的数据形式的相关元数据组成。表存储的数据存放在 HDFS 分布式文件系统里，元数据存储在关系数据库里。当我们创建一张 Hive 的表，还没有为表加载数据的时候，该表在分布式文件系统上就是一个文件目录。

内部表的数据文件存储在 Hive 的数据仓库里，内部表做删除表，就删除了目录及数据。

7.3.2　外部表

外部表的数据不是放在自己表所属的目录中，而是放到别处，比如存放在 Hive 数据仓库外部的分布式文件系统上（Hive 的数据仓库也就是 HDFS 上的一个目录，这个目录是 Hive 数据文件存储的默认路径，它可以在 Hive 的配置文件里进行配置，最终也会存放到元数据库里）。外部表做删除表，只是删除了元数据的信息，该外部表所指向的数据是不会被删除的。

7.3.3　分区表

一个表可以拥有一个或者多个分区，每个分区以文件夹的形式单独存在表文件夹的目录下。分区避免 Hive Select 查询中扫描整个表内容，防止消耗很多时间做没必要的工作（例如每一天的日志存放在一个分区中，这样根据特定的日期查询）。

7.3.4　桶

桶是更为细粒度的数据范围划分，Hive 采用对指定列计算哈希 hash，然后除以桶的个数求余的方式决定该条记录存放在哪个桶当中。桶是以文件的形式存放在表的目录下，每一个桶对应一个文件。比如将 region 表 rid 列分散到 16 个桶中，首先对 rid 列的值计算 hash，对应 hash 值为 0 的数据存储的 HDFS 目录如为/user/hive/warehouse/region/part-00000，而 hash 值为 20 的数据存储的 HDFS 目录为/user/hive/warehouse/region/part-00020。

7.4 Hive 实战操作

可以通过 Cloudera Manager 的界面添加 Hive 组件, 如图 7-4 所示, 平台已经安装好 Hive。Hive 使用 MySQL 元数据库, 如果安装的时候, 发现报错"unable to find the jdbc database jar on host", 基本上是驱动 JAR 包位置不对, 把驱动 JAR 包放入 /usr/share/java 这个目录, 并改名为 mysql-connector-java.jar。

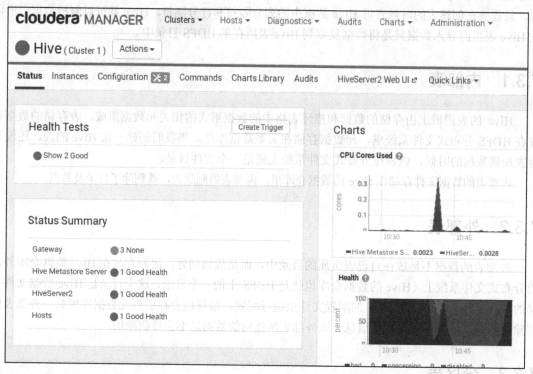

图 7-4

启动 Hive, 如图 7-5 所示。

```
[hdfs@node0 ~]$ hive
Logging initialized using configuration in jar:file:/opt/cloudera/parcels/CDH-5.11
.2-1.cdh5.11.2.p0.4/jars/hive-common-1.1.0-cdh5.11.2.jar!/hive-log4j.properties
WARNING: Hive CLI is deprecated and migration to Beeline is recommended.
hive> create database if not exists hivedemo;
OK
Time taken: 0.691 seconds
hive> use hivedemo;
OK
Time taken: 0.029 seconds
hive>
```

图 7-5

7.4.1 Hive 内部表操作

创建内部表，命令如下。

```
use hivedemo;
create table visiters (last_name string,first_name string,arrival_time string,
    scheduled_time string,meeting_location string,info_comment string)
ROW FORMAT DELIMITED FIELDS TERMINATED BY '\t';
```

创建表时会在 hivedemo.db 的目录下以表名创建一个文件夹，如图 7-6 所示。

```
[hdfs@node0 ~]$ hdfs dfs -ls /user/hive/warehouse/hivedemo.db
Found 1 items
drwxrwxrwt   - hdfs hive          0 2018-09-04 17:54 /user/hive/warehouse/hivedemo
.db/visiters
```

图 7-6

上传文件到 HDFS 的目录中，HDFS 的 shell 命令如下：

```
hdfs dfs -put /opt/visiters_data.txt /user/hive/warehouse/hivedemo.db/visiters
```

验证结果，如图 7-7 所示。

```
[hdfs@node0 ~]$ hdfs dfs -put /opt/visiters_data.txt  /user/hive/warehouse/hivedemo.db
/visiters
[hdfs@node0 ~]$ hdfs dfs -ls /user/hive/warehouse/hivedemo.db/visiters
Found 1 items
-rw-r--r--   3 hdfs hive     989239 2018-09-04 21:09 /user/hive/warehouse/hivedemo.db/vi
siters/visiters_data.txt
[hdfs@node0 ~]$
```

Hive 中执行 HiveQL 语句：select * from people_visits limit 5，如图 7-8 所示，已经可以看到数据了。

```
hive> select * from visiters limit 5;
OK
BUCKLEY SUMMER      10/12/2010 14:48      10/12/2010 14:45      WH
CLOONEY GEORGE      10/12/2010 14:47      10/12/2010 14:45      WH
PRENDERGAST   JOHN  10/12/2010 14:48      10/12/2010 14:45      WH
LANIER  JAZMIN      10/13/2010 13:00      WH     BILL SIGNING/
MAYNARD ELIZABETH   10/13/2010 12:34      10/13/2010 13:00      WH     BI
LL SIGNING/
Time taken: 0.754 seconds, Fetched: 5 row(s)
hive>
```

图 7-8

当你在 Hive 执行 drop table visiters 命令时，再使用 HDFS shell 命令 hdfs dfs -ls /user/hive/warehouse/hivedemo.db/，你会发现删除内部表，HDFS 上数据也一起删除了。

7.4.2 Hive 外部表操作

首先在 HDFS 上创建一个目录，并上传文件，如图 7-9 所示。

```
[hdfs@node0 ~]$ hdfs dfs -mkdir /user/hive/warehouse/hivedemo.db/names_ext
[hdfs@node0 ~]$ hdfs dfs -put /opt/names_ext.txt /user/hive/warehouse/hivedemo.db/names_ext
[hdfs@node0 ~]$
```

图 7-9

创建 Hive 外部表，使用关键字 external，如图 7-10 所示。Hive 外部表关联数据文件有两种方式：一种是把外部表数据位置直接关联到数据文件所在目录上，这种方式适合数据文件已经在 HDFS 中存在；另外一种方式是创建表时指定外部表数据目录，随后把数据加载到该目录下。

```
hive> create external table names_ext
    > ( id int,
    > name string
    > )
    > row format delimited
    > fields terminated by '\t'
    > location '/user/hive/warehouse/hivedemo.db/names_ext';
OK
Time taken: 0.1 seconds
hive> select * from names_ext;
OK
0       Rich
1       Barry
2       George
3       Ulf
4       Danielle
5       Tom
6       manish
7       Brian
8       Mark
Time taken: 0.092 seconds, Fetched: 9 row(s)
hive>
```

图 7-10

删除外部表，HDFS 中的 names_ext.txt 文件并没有删除，结果如图 7-11 所示。

```
hive>
    > drop table names_ext;
OK
Time taken: 0.154 seconds
hive> exit;
WARN: The method class org.apache.commons.logging.impl.SLF4JLogFactory#release() was invoked.
WARN: Please see http://www.slf4j.org/codes.html#release for an explanation.
[hdfs@node0 ~]$
[hdfs@node0 ~]$ hdfs dfs -ls /user/hive/warehouse/hivedemo.db/names_ext
Found 1 items
-rw-r--r--   3 hdfs hive         78 2018-09-04 22:01 /user/hive/warehouse/hivedemo.db/names_ext/names_ext.txt
[hdfs@node0 ~]$
```

图 7-11

总结一下：

（1）内部表放在 Hive 数据库中，drop 表，里面的数据文件也随之删除。

（2）外部表，数据放在 HDFS 的文件中，drop 表，仅删除 Hive 的元数据，HDFS 的数据文件还在。

7.4.3 Hive 分区表操作

创建表时可以同时为表创建一个或多个分区，这样我们在加载数据时为其指定具体的分区，查询数据时可以指定具体的分区从而提高效率。分区可以理解为表的一个特殊的列。关键字是 partitioned，如图 7-12 所示。

```
hive> use hivedemo;
OK
Time taken: 1.742 seconds
hive> create table invites (id int, name string) partitioned by (ds string)
    > row format delimited
    > FIELDS TERMINATED BY '\t'
    > LINES TERMINATED BY '\n'
    > stored as textfile;
OK
Time taken: 0.327 seconds
hive> load data local inpath '/opt/data1.txt' overwrite into table invites partiti
on (ds='2013');
Loading data to table hivedemo.invites partition (ds=2013)
Partition hivedemo.invites{ds=2013} stats: [numFiles=1, numRows=0, totalSize=29, r
awDataSize=0]
OK
Time taken: 1.03 seconds
hive> load data local inpath '/opt/data2.txt' overwrite into table invites partiti
on (ds='2014');
Loading data to table hivedemo.invites partition (ds=2014)
Partition hivedemo.invites{ds=2014} stats: [numFiles=1, numRows=0, totalSize=26, r
awDataSize=0]
OK
Time taken: 0.578 seconds
```

图 7-12

从一个分区中查询数据，查看分区表的分区信息，具体操作如图 7-13 所示。

```
hive> select * from invites where ds ='2013';
OK
1       zhangsan        2013
2       lishi   2013
3       wangwu  2013
Time taken: 0.937 seconds, Fetched: 3 row(s)
hive> select * from invites where ds ='2014';
OK
4       maliu   2014
5       houqi   2014
6       zhaoba  2014
Time taken: 0.15 seconds, Fetched: 3 row(s)
hive> show partitions invites;
OK
ds=2013
ds=2014
Time taken: 0.124 seconds, Fetched: 2 row(s)
hive>
```

图 7-13

在 Hadoop 下分区表是把分区当成目录的，如图 7-14 所示。分区表实际上是将表文件分成多个有标记的小文件以方便查询。

```
[hdfs@node0 ~]$ hdfs dfs -ls /user/hive/warehouse/hivedemo.db/invites
Found 2 items
drwxrwxrwt   - hdfs hive          0 2018-09-04 22:21 /user/hive/warehouse/hivedemo.db/in
vites/ds=2013
drwxrwxrwt   - hdfs hive          0 2018-09-04 22:21 /user/hive/warehouse/hivedemo.db/in
vites/ds=2014
[hdfs@node0 ~]$
```

图 7-14

7.4.4 桶表

分区表是将大的表文件划分成多个小文件以利于查询，但是如果数据分布不均衡，也会影响查询效率。桶表（bucket table）可以对数据进行哈希取模，目的是让数据能够均匀地分布在表的各个数据文件中。简而言之，桶表就是在分桶时，对指定字段的值进行 hash 运算得到 hash 值，并使用 hash 值除以桶的个数做取余运算得到的值进行分桶，放到不同文件中存储。物理上，每个桶（bucket）就是表（或分区）目录里的一个文件，一个作业产生的桶（输出文件）和 reduce 任务个数相同。桶表专门用于抽样查询，不是日常用来存储数据的表，在需要抽样查询时，才创建和使用桶表。

桶表演示操作如下：

步骤01 环境配置。使 Hive 能够识别桶 set hive.enforce.bucketing=true。

步骤02 创建桶表：create table bucket_table1 (id int) clustered by(id) into 8 buckets。

创建只有一个字段（id）的桶表，clustered by 参数表明是以哪个字段分桶。按照 id 分桶，分为 8 个 bucket，对 id 进行哈希取值，放到 8 个桶里。

步骤03 创建中间过渡表 bucket_table2 并为其加载数据，操作如图 7-15 所示。

```
hive> create table bucket_table1 (id int) clustered by(id) into 8 buckets;
OK
Time taken: 0.098 seconds
hive> create table bucket_table2(id int);
OK
Time taken: 0.101 seconds
hive> load data local inpath '/opt/testbucket1.txt' into table bucket_table2;
Loading data to table hivedemo.bucket_table2
Table hivedemo.bucket_table2 stats: [numFiles=1, totalSize=119]
OK
Time taken: 0.855 seconds
hive>
```

图 7-15

步骤04 桶表的数据插入。使用 insert into table bucket_table1 select * from bucket_table2 操作命令，如图 7-16 所示。

```
hive>
    > insert into table bucket_table1 select * from bucket_table2;
Query ID = hdfs_20180905165151_41aaf2eb-5527-4526-8e01-422f910b360d
Total jobs = 1
Launching Job 1 out of 1
Number of reduce tasks determined at compile time: 8
In order to change the average load for a reducer (in bytes):
  set hive.exec.reducers.bytes.per.reducer=<number>
In order to limit the maximum number of reducers:
  set hive.exec.reducers.max=<number>
In order to set a constant number of reducers:
  set mapreduce.job.reduces=<number>
Starting Job = job_1536116728391_0001, Tracking URL = http://node0:8088/proxy/ap
plication_1536116728391_0001/
Kill Command = /opt/cloudera/parcels/CDH-5.11.2-1.cdh5.11.2.p0.4/lib/hadoop/bin/
hadoop job  -kill job_1536116728391_0001
Hadoop job information for Stage-1: number of mappers: 1; number of reducers: 8
```

图 7-16

物理上每个桶就是目录里的一个文件，一个作业产生的桶（输出文件）数量和 reduce 任务个数相同，通过 HDFS 的 shell 命令，可以看到有 8 个文件，如图 7-17 所示。

```
[hdfs@node0 ~]$ hdfs dfs -ls /user/hive/warehouse/hivedemo.db/bucket_table1
Found 8 items
-rwxrwxrwt   3 hdfs hive         11 2018-09-05 17:18 /user/hive/warehouse/hivedemo
.db/bucket_table1/000000_0
-rwxrwxrwt   3 hdfs hive         10 2018-09-05 17:18 /user/hive/warehouse/hivedemo
.db/bucket_table1/000001_0
-rwxrwxrwt   3 hdfs hive         11 2018-09-05 17:19 /user/hive/warehouse/hivedemo
.db/bucket_table1/000002_0
-rwxrwxrwt   3 hdfs hive         11 2018-09-05 17:19 /user/hive/warehouse/hivedemo
.db/bucket_table1/000003_0
-rwxrwxrwt   3 hdfs hive         11 2018-09-05 17:19 /user/hive/warehouse/hivedemo
.db/bucket_table1/000004_0
-rwxrwxrwt   3 hdfs hive         11 2018-09-05 17:19 /user/hive/warehouse/hivedemo
.db/bucket_table1/000005_0
-rwxrwxrwt   3 hdfs hive         11 2018-09-05 17:19 /user/hive/warehouse/hivedemo
.db/bucket_table1/000006_0
-rwxrwxrwt   3 hdfs hive         11 2018-09-05 17:19 /user/hive/warehouse/hivedemo
.db/bucket_table1/000007_0
[hdfs@node0 ~]$
```

图 7-17

步骤05 Hive 中的抽样查询 select * from bucket_table1 tablesample(bucket 3 out of 4 on id)。

看一下语法：select * from table_name tablesample(bucket X out of Y on field);

X 表示从哪个桶中开始抽取，Y 表示相隔多少个桶再次抽取。

Y 必须为分桶数量的倍数或者因子，比如分桶数为 8，Y 为 8，则表示只从桶中抽取 1 个 bucket 的数据；若 Y 为 4，则表示从桶中抽取 8/4（2）个 bucket 的数据。

上面抽样语句执行结果是抽取第 3 个桶和第 7 桶的数据，如图 7-18 所示。

```
hive>
    > select * from bucket_table1 tablesample(bucket 3 out of 4 on id);
Query ID = hdfs_20180905172121_65870f7f-2d4c-427f-9f0d-8487f2d48a03
Total jobs = 1
Launching Job 1 out of 1
Number of reduce tasks is set to 0 since there's no reduce operator
Starting Job = job_1536116728391_0004, Tracking URL = http://node0:8088/p
Kill Command = /opt/cloudera/parcels/CDH-5.11.2-1.cdh5.11.2.p0.4/lib/hado
Hadoop job information for Stage-1: number of mappers: 1; number of reduc
2018-09-05 17:21:43,499 Stage-1 map = 0%,  reduce = 0%
2018-09-05 17:21:54,439 Stage-1 map = 100%,  reduce = 0%, Cumulative CPU
MapReduce Total cumulative CPU time: 2 seconds 530 msec
Ended Job = job_1536116728391_0004
MapReduce Jobs Launched:
Stage-Stage-1: Map: 1   Cumulative CPU: 2.53 sec   HDFS Read: 4678 HDFS W
Total MapReduce CPU Time Spent: 2 seconds 530 msec
OK
2
10
26
18
22
6
14
30
Time taken: 26.246 seconds, Fetched: 8 row(s)
hive>
```

图 7-18

通过 HDFS 的 shell 命令，查看第 3 个桶和第 7 个桶的数据，如图 7-19 所示。验证结果相同。

```
[hdfs@node0 ~]$ hdfs dfs -cat /user/hive/warehouse/hivedemo.db/bucket_table1/000
002_0
2
10
26
18
[hdfs@node0 ~]$ hdfs dfs -cat /user/hive/warehouse/hivedemo.db/bucket_table1/000
006_0
22
6
14
30
```

图 7-19

总而言之，对于每一个表（table）或者分区，Hive 可以进一步组织成桶，桶是更为细粒度的数据范围划分。Hive 是针对某列进行分桶，对这列的值进行 hash，然后除以桶的个数再决定把这个值放到哪个桶中。

7.4.5　Hive 应用实例 WordCount

Hadoop 经典词频统计 WordCount，首先准备测试数据，如图 7-20 所示。

```
[hdfs@node0 ~]$ hdfs dfs -put /opt/file1.txt /input/
[hdfs@node0 ~]$ hdfs dfs -put /opt/file2.txt /input/
[hdfs@node0 ~]$
[hdfs@node0 ~]$
[hdfs@node0 ~]$ hdfs dfs -cat /input/file1.txt
hadoop is great
spark is good

[hdfs@node0 ~]$ hdfs dfs -cat /input/file2.txt
hadoop is good
spark is great
hive is good

[hdfs@node0 ~]$
```

图 7-20

用 Hive 编写 HiveQL 语句实现 WordCount 算法如下所示。

```
create table docs(line string);
load data inpath '/input/*.txt' overwrite into table docs;
create table word_count as
select word, count(1) as count from
(select explode(split(line,' '))as word from docs) w
group by word
order by word;
```

结果如图 7-21 所示（篇幅所限，无法完整贴出，这里只给出一部分内容）。

```
hive> create table word_count as
    > select word, count(1) as count from
    > (select explode(split(line,' '))as word from docs) w
    > group by word
    > order by word;
Query ID = hdfs_20180905182020_a9aa75d2-d5c2-4820-8627-a77db317a609
Total jobs = 2
Launching Job 1 out of 2
Number of reduce tasks not specified. Estimated from input data size: 1
In order to change the average load for a reducer (in bytes):
  set hive.exec.reducers.bytes.per.reducer=<number>
In order to limit the maximum number of reducers:
  set hive.exec.reducers.max=<number>
In order to set a constant number of reducers:
  set mapreduce.job.reduces=<number>
Starting Job = job_1536116728391_0005, Tracking URL = http://node0:8088/proxy/applic
ation_1536116728391_0005/
Kill Command = /opt/cloudera/parcels/CDH-5.11.2-1.cdh5.11.2.p0.4/lib/hadoop/bin/hado
op job  -kill job_1536116728391_0005
Hadoop job information for Stage-1: number of mappers: 1; number of reducers: 1
2018-09-05 18:20:32,514 Stage-1 map = 0%,  reduce = 0%
2018-09-05 18:20:46,678 Stage-1 map = 100%,  reduce = 0%, Cumulative CPU 2.47 sec
2018-09-05 18:20:58,351 Stage-1 map = 100%,  reduce = 100%, Cumulative CPU 4.27 sec
MapReduce Total cumulative CPU time: 4 seconds 270 msec
```

图 7-21

执行 select * from word_count，单词统计结果如图 7-22 所示。

```
hive> select * from word_count;
OK
good    3
great   2
hadoop  2
hive    1
is      5
spark   2
Time taken: 0.156 seconds, Fetched: 6 row(s)
hive>
```

图 7-22

WordCount 单词统计算法在 MapReduce 中的编程实现和 Hive 中编程实现的主要不同点如下：

（1）采用 Hive 实现 WordCount 算法只需要编写较少的代码量，在 MapReduce 中，WordCount 类由 63 行 Java 代码编写而成，在 Hive 中只需要编写 7 行代码。

（2）在 MapReduce 的实现中，需要进行编译生成 JAR 文件来执行算法，而在 Hive 中不需要，HiveQL 语句的最终实现需要转换为 MapReduce 任务来执行，这都是由 Hive 框架自动完成的，用户不需要了解具体实现细节。

7.4.6 UDF

，用户自定义函数 UDF（User-Defined-Function）可以用来对数据进行处理。Hive 自身查询语言 HiveQL 能完成大部分的工作，但遇到特殊需求时，需要自己写 UDF 实现。UDF 函数可以直接应用于 select 语句，对查询结构做格式化处理后，再输出内容。

在开发工具 Eclipse 中编写 UDF，项目中增加 Hive 的目录 lib 下的 JAR 包和 Hadoop 中的相应 JAR 包。UDF 类要继承 org.apache.hadoop.hive.ql.exec.UDF 类，类中要实现 evaluate 函数，evaluate 函数支持重载。当我们在 Hive 中使用自己定义的 UDF 的时候，Hive 会调用类中的 evaluate 方法来实现特定的功能。

例子代码如下：

```
package hiveUDFdemo;
import org.apache.hadoop.hive.ql.exec.UDF;
public class udftestlength extends UDF{
    public Integer evaluate(String s)
    {
        if(s==null)
        {
            return null;
        }else{
            return s.length();
        }
    }
}
```

将上面的类打成 JAR 包的形式，再使用 Eclipse 直接导出为 hiveUDFdemo.jar 包。然后上传到 Hadoop 集群 Hive 节点机器上，放在 /opt 文件夹中。

创建测试表 student 并加载数据，SQL 命令如下：

```
create table student(
id int, name String
)
Row format delimited
Fields terminated by '\t'
Lines terminated by '\n';
load data local inpath '/opt/student.txt' into table student;
```

UDF 自定义函数调用过程必须先加入 JAR 包（在 Hive 命令行里面运行）：

```
hive> add jar /opt/hiveUDFdemo.jar;
```

创建临时函数（Hive 命令行关闭后，即失效）。

```
hive> create temporary function testlength as 'hiveUDFdemo.udftestlength';
```

加入 JAR 包和创建临时函数的操作结果如图 7-23 所示。

```
hive>
    > add jar /opt/hiveUDFdemo.jar;
Added [/opt/hiveUDFdemo.jar] to class path
Added resources: [/opt/hiveUDFdemo.jar]
hive> create temporary function testlength as 'hiveUDFdemo.udftestlength';
OK
Time taken: 0.018 seconds
```

图 7-23

调用 UDF，执行 SQL 命令 select id, name, testlength(name) from student，执行结果如图 7-24 所示。

```
hive> select id, name, testlength(name) from student;
Query ID = hdfs_20180905221818_e2dc8c2c-1f38-479e-b342-0dbb4e93929d
Total jobs = 1
Launching Job 1 out of 1
Number of reduce tasks is set to 0 since there's no reduce operator
Starting Job = job_1536116728391_0009, Tracking URL = http://node0:80
Kill Command = /opt/cloudera/parcels/CDH-5.11.2-1.cdh5.11.2.p0.4/lib/
Hadoop job information for Stage-1: number of mappers: 1; number of r
2018-09-05 22:19:13,313 Stage-1 map = 0%,  reduce = 0%
2018-09-05 22:19:24,136 Stage-1 map = 100%,  reduce = 0%, Cumulative
MapReduce Total cumulative CPU time: 2 seconds 660 msec
Ended Job = job_1536116728391_0009
MapReduce Jobs Launched:
Stage-Stage-1: Map: 1  Cumulative CPU: 2.66 sec  HDFS Read: 3680 HD
Total MapReduce CPU Time Spent: 2 seconds 660 msec
OK
101     zhangsan    8
102     lishi       5
103     wangwu      6
104     maliu       5
105     houqi       5
106     zhaoba      6
Time taken: 27.249 seconds, Fetched: 6 row(s)
```

图 7-24

将分析得到查询结果保存到 HDFS 中,结果如图 7-25 所示。

```
hive> create table result row format delimited fields terminated by '\t'
as select id,name,testlength(name) from student;
```

```
hive> create table result row format delimited fields terminated by '\t' as select id,name,testlength(name) from student;
Query ID = hdfs_20180905222020_7c3dbe56-74dc-407a-b7b5-69a47486de9a
Total jobs = 3
Launching Job 1 out of 3
Number of reduce tasks is set to 0 since there's no reduce operator
Starting Job = job_1536116728391_0010, Tracking URL = http://node0:8088/proxy/application_1536116728391_0010/
Kill Command = /opt/cloudera/parcels/CDH-5.11.2-1.cdh5.11.2.p0.4/lib/hadoop/bin/hadoop job  -kill job_1536116728391_0010
Hadoop job information for Stage-1: number of mappers: 1; number of reducers: 0
2018-09-05 22:20:44,366 Stage-1 map = 0%,  reduce = 0%
2018-09-05 22:20:56,088 Stage-1 map = 100%,  reduce = 0%, Cumulative CPU 2.1 sec
MapReduce Total cumulative CPU time: 2 seconds 100 msec
Ended Job = job_1536116728391_0010
Stage-4 is selected by condition resolver.
Stage-3 is filtered out by condition resolver.
Stage-5 is filtered out by condition resolver.
Moving data to: hdfs://node0:8020/user/hive/warehouse/hivedemo.db/.hive-staging_hive_2018-09-05_22-20-31_135_6741119848772
Moving data to: hdfs://node0:8020/user/hive/warehouse/hivedemo.db/result
Table hivedemo.result stats: [numFiles=1, numRows=6, totalSize=77, rawDataSize=71]
MapReduce Jobs Launched:
Stage-Stage-1: Map: 1   Cumulative CPU: 2.1 sec   HDFS Read: 3459 HDFS Write: 148 SUCCESS
Total MapReduce CPU Time Spent: 2 seconds 100 msec
OK
Time taken: 27.516 seconds
hive>
```

图 7-25

通过 HDFS 的 shell 命令验证,结果如图 7-26 所示。

```
[hdfs@node0 ~]$ hdfs dfs -ls /user/hive/warehouse/hivedemo.db/result
Found 1 items
-rwxrwxrwt   3 hdfs hive         77 2018-09-05 22:20 /user/hive/warehouse/hivedemo.db/result/000000_0
[hdfs@node0 ~]$ hdfs dfs -cat /user/hive/warehouse/hivedemo.db/result/000000_0
101     zhangsan        8
102     lishi   5
103     wangwu  6
104     maliu   5
105     houqi   5
106     zhaoba  6
```

图 7-26

7.5 基于 Hive 的应用案例

应用场景是对搜索日志数据进行统计分析(离线非实时应用)。某公司搜索平台刚上线不久,访问日志量并不大。这些访问日志分布在 8 台前端机上,日志按小时保存,并以小时为周期定时将上一小时产生的数据同步到日志分析机器上,统计数据要求按小时更新。这些统计项包括关键词搜索量、类别访问量、每秒访问量等。

构建基于 Hive 的应用,我们将这些数据按天为单位建表,每天一个表,后台脚本根据时间戳将每小时同步过来的 8 台前端机的日志数据合并成一个日志文件,导入 HDFS 文件系统,每小时同步的日志数据被追加到当天数据表中,导入完成后,当天各项统计项将被重新计算并输出统计结果。

以上需求若直接基于 Hadoop 的 MapReduce 开发，需要自行管理数据，针对多个统计需求开发不同的 MapReduce 运算任务，对合并、排序等多项操作进行定制，并检测任务运行状态，工作量非常大。但是使用 Hive，从导入到分析、排序、去重、结果输出等这些操作都可以运用 HiveQL 这种类 SQL 语句来解决，一条语句经过处理被解析成几个任务来运行，即使是关键词访问量增量这种需要同时访问多天数据的较为复杂的需求，也能通过表关联这样的语句自动完成，节省了大量工作量。

项目中关于 Hive 性能优化的考虑，由于 Hive 并不像事务型关系数据库那样针对个别的行来执行查询、更新、删除等操作，这些操作依赖高效的索引来实现高性能。Hive 通常用在多任务节点的场景下，快速地扫描数据，所以 Hive 是通过并行化来实现性能。Hive 性能优化时，把 HiveQL 当作 MapReduce 程序来读，即从 MapReduce 的运行角度来考虑优化性能，从更底层思考如何优化运算性能，而不是只局限于逻辑代码的替换层面。

总结一下，Hive 是基于 Hadoop 的一个数据仓库工具，并提类 SQL 查询功能，可以将类 SQL 语句转换为 MapReduce 任务进行运行。这也就决定 Hive 非常适合离线统计分析、批处理的应用场景。

第 8 章

数据迁移工具 Sqoop

Sqoop 是一个用来将 Hadoop 和关系型数据库中的数据相互转移的工具,可以将一个关系型数据库(例如:MySQL、Oracle、PostgreSQL 等)中的数据导入到 Hadoop 的 HDFS 中,也可以将 HDFS 的数据导入到关系型数据库中。

8.1 Sqoop 概述

Sqoop 项目开始于 2009 年,最早是作为 Hadoop 的一个第三方模块存在,现在已经独立成为一个 Apache 项目。 Sqoop 是一款开源工具,主要用于传统关系数据库与 Hadoop 之间的数据导入导出。它是 Hadoop 环境下连接关系数据库与 Hadoop 存储系统的桥梁,支持多种关系数据源和 Hive、HDFS、HBase 的相互导入。对于每天的数据量而言,如果每天产生的数据量不是很大的情形,Sqoop 可以全表导入,但是 Sqoop 也提供了增量数据导入的机制。Sqoop 工作机制利用 MapReduce 分布式批处理,加快了数据传输速度,保证了容错性。

Sqoop 在业务当中的角色地位如图 8-1 所示。在实际的业务当中,我们首先对原始数据集通过 MapReduce 作业进行数据清洗,然后将清洗后的数据存入到 HBase 数据库中,而后通过数据仓库 Hive 对 HBase 中的数据进行统计与分析,分析之后将分析结果存入到 Hive 表中,然后通过 Sqoop 这个工具将我们的数据挖掘结果导入到关系数据库(如 MySQL)中,最后通过 Web 网页图表将结果可视化展示出来。

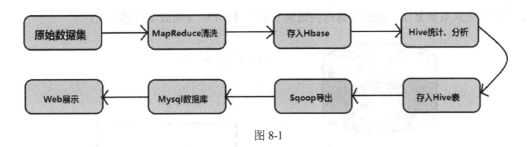

图 8-1

概括起来说，Sqoop 是一个用来将关系型数据库和 Hadoop 中的数据进行相互转移的工具，如图 8-2 所示。它既可以将一个关系型数据库（例如 MySQL、Oracle）中的数据导入到 Hadoop（例如 HDFS、Hive、HBase）中，也可以将 Hadoop（例如 HDFS、Hive、HBase）中的数据导入到关系型数据库（例如 MySQL、Oracle）中。

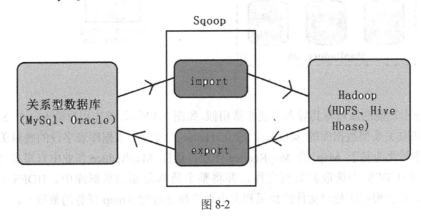

图 8-2

选择 Sqoop 的理由通常基于三个方面的考虑：

（1）它可以高效地利用资源，可以通过调整任务数来控制任务的并发度；

（2）它可以自动地完成数据类型映射与转换。往往我们导入的数据是有类型的，它可以自动根据数据库中的类型转换到 Hadoop 中，当然用户也可以自定义它们之间的映射关系；

（3）它支持多种数据库，比如 MySQL、Oracle 和 PostgreSQL 等数据库。

8.2　Sqoop 工作原理

Sqoop 即 SQL to Hadoop，充分利用 MapReduce 并行特点以批处理的方式加快数据传输，通过 map-reduce 任务来传输数据，从而提供并发特性和容错。Sqoop 主要通过 JDBC 和关系数据库进行交互。理论上支持 JDBC 的 Database 都可以使用 Sqoop 和 HDFS 进行数据交互。

Sqoop 从关系数据库中导入数据到 HDFS 的原理，如图 8-3 所示。首先用户输入一个 Sqoop import 命令，Sqoop 会从关系型数据库中获取元数据信息，如 schema、table 表有哪些字段、field type 字段数据类型等，它获取这些信息之后，会将导入命令转化为基于 Map 的 MapReduce 作业。这样 MapReduce 作业中有很多 Map 任务，每个 Map 任务从数据库中读取一片数据，这样多个 Map

任务并行地完成数据复制,把整个数据快速地复制到 HDFS 分布式文件系统上。

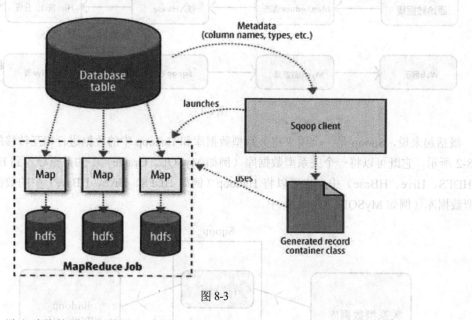

图 8-3

Sqoop 导出功能的原理与其导入功能非常相似,如图 8-4 所示。首先用户输入一个 Sqoop export 命令,它会获取关系型数据库的 schema,建立 Hadoop 字段与数据库表字段的映射关系。 然后会将输入命令转化为基于 Map 的 MapReduce 作业,这样 MapReduce 作业中有很多 Map 任务,它们并行地从 HDFS 中读取源数据文件,并将整个数据复制到数据库中。HDFS 读取数据的 MapReduce 作业会根据所处理文件的数量和大小来选择并行度(map 任务的数量)。

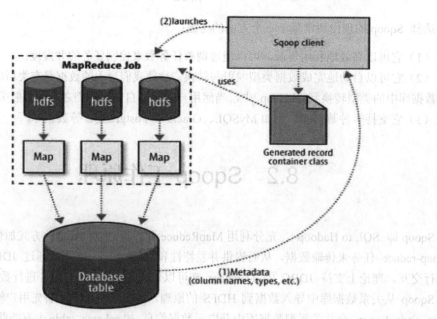

图 8-4

8.3 Sqoop 版本和架构

Sqoop 发展至今主要演化了两大版本，Sqoop1 和 Sqoop2。我们可以在其官网 http://Sqoop.apache.org/ 上看到所有的版本，Sqoop1 的最高版本为 1.4.7，如图 8-5 所示。而 Sqoop1.99.7 属于 Sqoop2，如图 8-6 所示。Sqoop1 和 Sqoop2 是两个完全不兼容的版本。

图 8-5

图 8-6

Sqoop1 的架构如图 8-7 所示。Sqoop1 的架构使用 Sqoop 客户端直接提交的方式，访问方式是 CLI 控制台方式进行访问，在命令或脚本中指定数据库名及密码。Sqoop2 的架构如图 8-8 所示。Sqoop2 在架构上引入了 Sqoop Server，集中化管理 Connector，提供多种访问方式如 CLI、Web UI、REST API。在 Sqoop1 中我们经常用脚本的方式将 HDFS 中的数据导入到 MySQL 中，或者反过来将 MySQL 数据导入到 HDFS 中，其中在脚本里边都要显示指定 MySQL 数据库的用户名和密码的，安全性做得不是太完善。在 Sqoop2 中，如果是通过 CLI 方式访问的话，会有一个交互过程界面，你输入的密码信息不被看到。同时 Sqoop2 引入基于角色的安全机制。

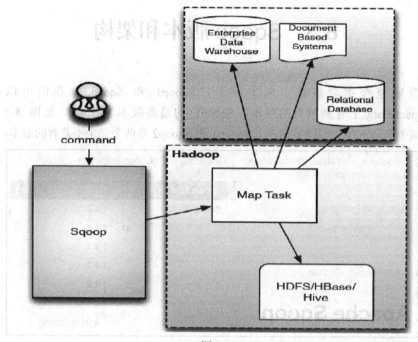

图 8-7

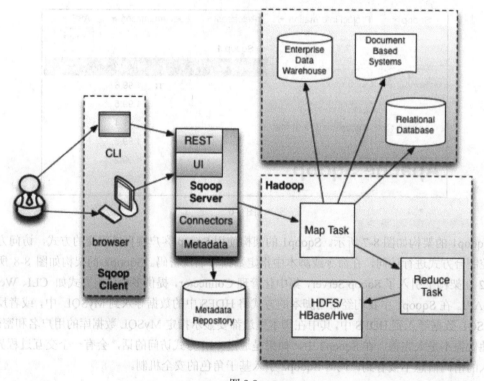

图 8-8

Sqoop1 与 Sqoop2 的优缺点如表 8-1 所示。

表 8-1 Sqoop1 与 Sqoop2 的优缺点

	Sqoop1	Sqoop2
架构	仅仅使用一个 Sqoop 客户端	引入了 Sqoop Server 集中化管理 Connector，以及 REST API、Web UI，并引入基于角色安全机制
部署	部署简单，安装需要 root 权限，Connector 必须符合 JDBC 模型	架构复杂，配置部署更烦琐
使用	命令行方式容易出错，格式紧耦合，无法支持所有数据类型，安全机制不够完善，例如密码容易暴露	多种交互方式，命令行，Web UI，REST API。Conncetor 集中化管理，所有的链接安装在 Sqoop Server 上，完善权限管理机制。Connector 规范化，仅仅负责数据的读写

Sqoop 不仅可以用于在关系型数据库与 HDFS 文件系统之间进行数据转换，而且也可以将数据从关系数据库传输至 Hive 或 HBase。而对于数据从 Hive 或 HBase 传输至关系数据库来说，则可以从 Hive 或 HBase 将数据提取至 HDFS，然后使用 Sqoop 将上一步的输出导出至 RDBMS。

8.4 Sqoop 实战操作

首先通过 Cloudera Manager 的管理界面添加 Sqoop1 client 服务，如图 8-9 所示。

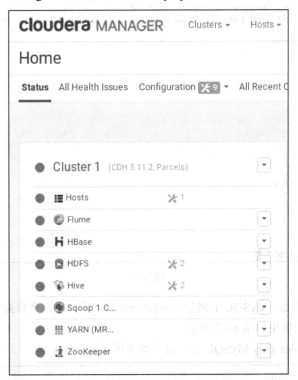

图 8-9

然后要将关系数据库的JDBC驱动复制到Sqoop的lib文件夹下，这里以MySQL关系数据库为例，复制MySQL的JDBC驱动包，如图8-10所示。

```
[root@node0 sqoop]# pwd
/opt/cloudera/parcels/CDH-5.11.2-1.cdh5.11.2.p0.4/lib/sqoop
[root@node0 sqoop]#
[root@node0 sqoop]# cp /opt/mysql-connector-java-5.1.42-bin.jar /opt/cloudera/pa
rcels/CDH-5.11.2-1.cdh5.11.2.p0.4/lib/sqoop
[root@node0 sqoop]#
```

图8-10

列出MySQL所有的数据库的命令：

```
sqoop list-databases --connect jdbc:mysql://10.10.75.100:3306 --username root --password root123
```

注意以上命令要在同一行写完，操作如图8-11所示。而且在你的数据库连接密码中如果包含一个特殊符号如'$'，就需要更改一下密码，再用Sqoop连接。因为Sqoop1的命令行参数应该是对特殊符号做了处理，通过Sqoop操作数据库时尽量不要包括特殊符号。

```
[root@node0 sqoop]# sqoop list-databases --connect jdbc:mysql://10.10.75.100:330
6 --username root --password root123
Warning: /opt/cloudera/parcels/CDH-5.11.2-1.cdh5.11.2.p0.4/bin/../lib/sqoop/../a
ccumulo does not exist! Accumulo imports will fail.
Please set $ACCUMULO_HOME to the root of your Accumulo installation.
18/05/10 11:48:50 INFO sqoop.Sqoop: Running Sqoop version: 1.4.6-cdh5.11.2
18/05/10 11:48:50 WARN tool.BaseSqoopTool: Setting your password on the command-
line is insecure. Consider using -P instead.
18/05/10 11:48:50 INFO manager.MySQLManager: Preparing to use a MySQL streaming
resultset.
information_schema
amon
audit
cm
hive
hmon
metadata
metastore
mysql
nav
navms
oozie
performance_schema
rman
scm
sentry
smon
test
[root@node0 sqoop]#
```

图8-11

准备用于测试的数据。MySQL中创建sqoopdemo数据库，在这个数据库下创建dept表，并往dept表插入两条记录，结果如图8-12所示。

使用sqoop-list-tables查看MySQL表，命令如下所示。

```
sqoop list-tables --connect jdbc:mysql://10.10.75.100:3306/sqoopdemo --username root --password root123
```

第 8 章 数据迁移工具 Sqoop

```
[root@node0 sqoop]# mysql -uroot -proot123
Warning: Using a password on the command line interface can be insecure.
Welcome to the MySQL monitor.  Commands end with ; or \g.
Your MySQL connection id is 21
Server version: 5.6.35 MySQL Community Server (GPL)

Copyright (c) 2000, 2016, Oracle and/or its affiliates. All rights reserved.

Oracle is a registered trademark of Oracle Corporation and/or its
affiliates. Other names may be trademarks of their respective
owners.

Type 'help;' or '\h' for help. Type '\c' to clear the current input statement.

mysql> create database sqoopdemo;
Query OK, 1 row affected (0.00 sec)

mysql> use sqoopdemo;
Database changed
mysql> create table dept(id int, name varchar(20), primary key(id));
Query OK, 0 rows affected (0.01 sec)

mysql> insert into dept values(610,'cloud computering');
Query OK, 1 row affected (0.01 sec)

mysql> insert into dept values(620,'big data');
Query OK, 1 row affected (0.00 sec)

mysql>
```

图 8-12

操作结果，如图 8-13 所示。

```
[root@node0 sqoop]# sqoop list-tables --connect jdbc:mysql://10.10.75.100:3306/sqoopdemo --username root --password root123
Warning: /opt/cloudera/parcels/CDH-5.11.2-1.cdh5.11.2.p0.4/bin/../lib/sqoop/../accumulo does not exist! Accumulo imports will fail
Please set $ACCUMULO_HOME to the root of your Accumulo installation.
18/05/10 11:57:54 INFO sqoop.Sqoop: Running Sqoop version: 1.4.6-cdh5.11.2
18/05/10 11:57:54 WARN tool.BaseSqoopTool: Setting your password on the command-line is insecure. Consider using -P instead.
18/05/10 11:57:55 INFO manager.MySQLManager: Preparing to use a MySQL streaming resultset.
dept
[root@node0 sqoop]#
```

图 8-13

将 MySQL 数据库的表 dept 导入 HDFS，命令如下，Sqoop 在运行的时候，最终会转换成 MapReduce 作业提交执行。

```
sqoop import --connect jdbc:mysql://10.10.75.100:3306/sqoopdemo
--username root --password root123 -table dept -m 1 -target-dir /user/dept
```

利用 hdfs dfs -ls /user/dept 等 HDFS 的 shell 命令进行操作结果验证，如图 8-14 所示。

```
[hdfs@node0 ~]$ hdfs dfs -ls /user/dept
Found 2 items
-rw-r--r--   3 root supergroup          0 2018-05-10 12:04 /user/dept/_SUCCESS
-rw-r--r--   3 root supergroup         35 2018-05-10 12:04 /user/dept/part-m-00000
[hdfs@node0 ~]$ hdfs dfs -cat /user/dept/part-m-00000
610,cloud computering
620,big data
```

图 8-14

接下来演示数据导入 MySQL。先清空表 dept 的所有数据，使用命令是 truncate sqoopdemo.dept，然后将数据从 HDFS 导出到 MySQL 数据库的表 dept，命令如下：

```
   sqoop export --connect jdbc:mysql://10.10.75.100:3306/sqoopdemo
--username root --password root123 --table dept -m 1 --export-dir /user/dept
```

操作及结果分别如图 8-15、图 8-16 所示。

```
[hdfs@node0 ~]$ hdfs dfs -cat /user/dept/part-m-00000
610,cloud computering
620,big data
[hdfs@node0 ~]$ sqoop export --connect jdbc:mysql://10.10.75.100:3306/sqoopdemo
--username root --password root123 --table dept -m 1 --export-dir /user/dept
Warning: /opt/cloudera/parcels/CDH-5.11.2-1.cdh5.11.2.p0.4/bin/../lib/sqoop/../a
ccumulo does not exist! Accumulo imports will fail.
Please set $ACCUMULO_HOME to the root of your Accumulo installation.
18/09/04 10:19:35 INFO sqoop.Sqoop: Running Sqoop version: 1.4.6-cdh5.11.2
18/09/04 10:19:35 WARN tool.BaseSqoopTool: Setting your password on the command-
line is insecure. Consider using -P instead.
18/09/04 10:19:35 INFO manager.MySQLManager: Preparing to use a MySQL streaming
resultset.
18/09/04 10:19:35 INFO tool.CodeGenTool: Beginning code generation
18/09/04 10:19:36 INFO manager.SqlManager: Executing SQL statement: SELECT t.* F
ROM `dept` AS t LIMIT 1
18/09/04 10:19:36 INFO manager.SqlManager: Executing SQL statement: SELECT t.* F
ROM `dept` AS t LIMIT 1
18/09/04 10:19:36 INFO orm.CompilationManager: HADOOP_MAPRED_HOME is /opt/cloude
ra/parcels/CDH/lib/hadoop-mapreduce
```

图 8-15

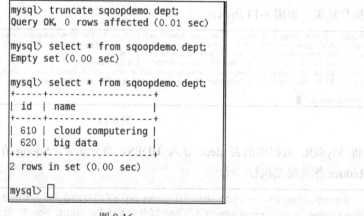

图 8-16

在 MySQL 数据库 dept 表中再次插入数据 insert into dept values(630,'iot'),现在使用 Sqoop 增量导入 HDFS,Sqoop 的增量导入有 append 和 lastmodified 两种模式。lastmodified 模式区别于 append 的是可以指定为一个时间戳字段,按照时间顺序导入,这种模式可以指定增量数据在 HDFS 存在的方式,比如最终增量结果为一个文件。

需要应用的主要 Sqoop 参数如下。

- -check-column:指定增量导入的依赖字段,通常为自增的主键 id 或者时间戳。
- -incremental:指定导入的模式(append 或 lastmodified)。
- -last-value:指定导入的上次最大值,也就是这次开始的值。

Sqoop 增量导入 HDFS 的操作示例命令如下:

```
sqoop import --connect jdbc:mysql://10.10.75.100:3306/sqoopdemo
--username root --password root123 --table dept -m 1 --target-dir /user/dept
--incremental append --check-column id
```

使用 HDFS 的 shell 命令操作验证结果，如图 8-17 所示。

```
[hdfs@node0 ~]$ hdfs dfs -ls /user/dept
Found 3 items
-rw-r--r--   3 root supergroup          0 2018-05-10 12:04 /user/dept/_SUCCESS
-rw-r--r--   3 root supergroup         35 2018-05-10 12:04 /user/dept/part-m-00000
-rw-r--r--   3 root supergroup         43 2018-05-10 13:06 /user/dept/part-m-00001
[hdfs@node0 ~]$ hdfs dfs -cat /user/dept/part-m-00001
610,cloud computering
620,big data
630,iot
[hdfs@node0 ~]$
```

图 8-17

MySQL 与 Hive 之间的数据转移。把 MySQL 的数据导入到 Hive 中，操作命令如下：

```
sqoop import --connect jdbc:mysql://10.10.75.100:3306/sqoopdemo
--username root --password root123 --table dept -m 1 --hive-import
```

具体执行结果如图 8-18、图 8-19 所示（篇幅所限，不能完整贴图）。

```
[hdfs@node0 ~]$ sqoop import --connect jdbc:mysql://10.10.75.100:3306/sqoopdemo
--username root --password root123 --table dept -m 1 --hive-import
Warning: /opt/cloudera/parcels/CDH-5.11.2-1.cdh5.11.2.p0.4/bin/../lib/sqoop/../a
ccumulo does not exist! Accumulo imports will fail.
Please set $ACCUMULO_HOME to the root of your Accumulo installation.
18/09/04 10:37:36 INFO sqoop.Sqoop: Running Sqoop version: 1.4.6-cdh5.11.2
18/09/04 10:37:36 WARN tool.BaseSqoopTool: Setting your password on the command-
line is insecure. Consider using -P instead.
18/09/04 10:37:36 INFO tool.BaseSqoopTool: Using Hive-specific delimiters for ou
tput. You can override
18/09/04 10:37:36 INFO tool.BaseSqoopTool: delimiters with --fields-terminated-b
y, etc.
18/09/04 10:37:36 INFO manager.MySQLManager: Preparing to use a MySQL streaming
resultset.
18/09/04 10:37:36 INFO tool.CodeGenTool: Beginning code generation
18/09/04 10:37:37 INFO manager.SqlManager: Executing SQL statement: SELECT t.* F
ROM `dept` AS t LIMIT 1
```

图 8-18

```
18/09/04 10:38:05 INFO mapreduce.ImportJobBase: Transferred 43 bytes in 24.8893
seconds (1.7277 bytes/sec)
18/09/04 10:38:05 INFO mapreduce.ImportJobBase: Retrieved 3 records.
18/09/04 10:38:05 INFO manager.SqlManager: Executing SQL statement: SELECT t.* F
ROM `dept` AS t LIMIT 1
18/09/04 10:38:05 INFO hive.HiveImport: Loading uploaded data into Hive

Logging initialized using configuration in jar:file:/opt/cloudera/parcels/CDH-5.
11.2-1.cdh5.11.2.p0.4/jars/hive-common-1.1.0-cdh5.11.2.jar!/hive-log4j.propertie
s
OK
Time taken: 2.155 seconds
Loading data to table default.dept
Table default.dept stats: [numFiles=1, totalSize=43]
OK
Time taken: 0.641 seconds
[hdfs@node0 ~]$
```

图 8-19

启动 Hive 命令，通过 Hive 的 HiveQL 语句在 Hive 中验证结果，如图 8-20 所示。

```
[hdfs@node0 ~]$ hive
Logging initialized using configuration in jar:file:/opt/cloudera/parcels/CDH-5.11.2-1.cdh5.11
.2.p0.4/jars/hive-common-1.1.0-cdh5.11.2.jar!/hive-log4j.properties
WARNING: Hive CLI is deprecated and migration to Beeline is recommended.
hive> show tables;
OK
dept
Time taken: 0.893 seconds, Fetched: 1 row(s)
hive> select * from dept;
OK
610     cloud computering
620     big data
630     iot
Time taken: 0.535 seconds, Fetched: 3 row(s)
hive>
```

图 8-20

Hive 表数据导出到 MySQL 数据库。在 MySQL 中先执行 truncate table dept 命令把表的数据清空，然后执行 Sqoop 操作命令，如图 8-21 所示，其中 -m 1 参数代表的含义是使用多少个并行，这个参数的值是 1，说明没有开启并行功能。将 m 参数的数值调为 5（或者更大），Sqoop 就会开启 5 个进程，同时进行数据的导入操作。执行成功后，你可以到 MySQL 数据库查询 dept 表，发现有数据进来了。

```
    sqoop export --connect jdbc:mysql://10.10.75.100:3306/sqoopdemo
--username root --password root123 --table dept -m 1 --export-dir
/user/hive/warehouse/dept --input-fields-terminated-by '\0001'
```

```
[hdfs@node0 ~]$ sqoop export --connect jdbc:mysql://10.10.75.100:3306/sqoopdemo
--username root --password root123 --table dept -m 1 --export-dir /user/hive/war
ehouse/dept --input-fields-terminated-by '\0001'
Warning: /opt/cloudera/parcels/CDH-5.11.2-1.cdh5.11.2.p0.4/bin/../lib/sqoop/../a
ccumulo does not exist! Accumulo imports will fail.
Please set $ACCUMULO_HOME to the root of your Accumulo installation.
18/09/04 11:25:26 INFO sqoop.Sqoop: Running Sqoop version: 1.4.6-cdh5.11.2
18/09/04 11:25:27 WARN tool.BaseSqoopTool: Setting your password on the command-
line is insecure. Consider using -P instead.
18/09/04 11:25:27 INFO manager.MySQLManager: Preparing to use a MySQL streaming
resultset.
18/09/04 11:25:27 INFO tool.CodeGenTool: Beginning code generation
18/09/04 11:25:27 INFO manager.SqlManager: Executing SQL statement: SELECT t.* F
ROM `dept` AS t LIMIT 1
18/09/04 11:25:27 INFO manager.SqlManager: Executing SQL statement: SELECT t.* F
ROM `dept` AS t LIMIT 1
18/09/04 11:25:27 INFO orm.CompilationManager: HADOOP_MAPRED_HOME is /opt/cloude
ra/parcels/CDH/lib/hadoop-mapreduce
```

图 8-21

启动 HBase，在 HBase 中创建一张表，如图 8-22 所示。

```
[hdfs@node0 ~]$ hbase shell
18/05/10 13:25:23 INFO Configuration.deprecation: hadoop.native.lib is deprecated. Instead, us
e io.native.lib.available
HBase Shell; enter 'help<RETURN>' for list of supported commands.
Type "exit<RETURN>" to leave the HBase Shell
Version 1.2.0-cdh5.11.2, rUnknown, Fri Aug 18 14:10:19 PDT 2017

hbase(main):001:0> create 'hbase_dept','col_family'
0 row(s) in 1.6620 seconds

=> Hbase::Table - hbase_dept
hbase(main):002:0>
```

图 8-22

然后使用 Sqoop 操作将数据从 MySQL 导入到 HBase，命令如下：

```
    sqoop import --connect jdbc:mysql://10.10.75.100:3306/sqoopdemo
--username root --password root123 --table dept --hbase-create-table
--hbase-table hbase_dept --column-family col_family --hbase-row-key id
```

在 HBase 中验证 Sqoop 操作的结果，发现数据果然导入进来了，如图 8-23 所示。

```
hbase(main):002:0> scan 'hbase_dept'
ROW                   COLUMN+CELL
 610                  column=col_family:name, timestamp=1525930322019, value=cloud computer
                      ing
 620                  column=col_family:name, timestamp=1525930335933, value=big data
 630                  column=col_family:name, timestamp=1525930342877, value=iot
3 row(s) in 0.1490 seconds

hbase(main):003:0>
```

图 8-23

第 9 章

分布式数据库 HBase

HBase 是 Hadoop 的数据库，HBase 是一个分布式的、面向列的开源数据库，它不同于一般的关系数据库，是一个适合非结构化数据存储的数据库。HBase 利用 Hadoop 的 HDFS 作为其文件存储系统，利用 ZooKeeper 作为其协调工具，非常适合用来进行大数据的实时读写。

9.1 HBase 概述

HBase 是谷歌公司 BigTable 的开源版本。是建立在 HDFS 之上，提供高可靠性、高性能、列存储、可伸缩、实时读写的分布式列存储的开源数据库系统。HBase 现在是 Apache 的 Hadoop 项目的子项目。HBase 中每张表的记录数（行数）可多达几十亿条，甚至更多，每条记录可以拥有多达上百万的字段。而这样的存储能力却不需要特别的硬件，普通的 PC 服务器集群就可以胜任。

HBase 的技术特点如下。

（1）大表：一个表可以有上亿行，上百万列，提供海量数据存储能力，可提供高达几百亿条数据记录存储能力。

（2）列式存储：面向列族（Column Family）的存储和权限控制，列族独立检索。

（3）表数据是稀疏的多维映射表：表中的数据通过一个行关键字（Row Key）、一个列关键字（Column Key）以及一个时间戳（Time Stamp）进行索引和查询定位，使用时间戳允许数据有多个版本。

（4）NoSQL 数据库典型产品：更加简单的数据模型，主要用来存储非结构化和半结构化的数据，不存在复杂的表与表之间的关系，不支持事务。

HBase 提供 Native Java API、HBase shell、Thrift Gateway、Hive 等多种访问方式。HBase 实际使用 HDFS 作为底层数据存储方式，提高了数据可靠性。

9.2　HBase 数据模型

HBase 表是一个稀疏多维表，表中的数据是未经解释的字符串，没有数据类型，每一行都有一个行键，表被分组成许多列族集合，列族支持动态扩展，可以很方便地添加一个列族或列，无须事先预定于列的数量和类型，所有列都是以字符串形式存储。在 HBase 中进行更新操作，是生成一个新的版本，原有的版本仍然保留，可以设置保留的版本数量，如果在查询的时候不提供时间戳，那就会获得最近的一个版本的数据。下面对 Row Key、Column Family、Column Name、Time Stamp 进行简要的介绍。

（1）行键（Row Key）

HBase 一张表中可以有上亿行记录，每一行都由一个行关键字 row key 来标识。HBase 保证对所有行按照 row key 进行字典顺序排序存储。Row Key（行键）可以是任意字符串（最大长度是 64KB，实际应用中长度一般为 10~100 字节）。与关系数据库的主键 primary key 不同的地方，HBase 中的 Row Key 只能是一个字段而不能是多个字段的组合。

（2）列族（Cloumn Family，CF）和列

HBase 表中的每个列，都归属于某个列族。列族必须在使用表之前定义（列不需要事先定义），列族数量不能太多，列名都以列族作为前缀。例如 courses:english、courses:history 都属于 courses 这个列族。在每个列族中，可以存放很多的列，而每行每列族中的列数量可以不同。

（3）时间戳（Time Stamp）

HBase 中通过行关键字、列（列族名和列名）和时间戳的三元组确定一个存储单元（cell）。每个 cell 都保存着同一份数据的多个版本，不同版本的数据按照时间倒序排序，即最新的数据排在最前面。版本通过时间戳来索引。时间戳的类型是 64 位整型。时间戳可以由 HBase（在数据写入时自动）赋值，此时时间戳是精确到毫秒的当前系统时间。时间戳也可以由用户自己赋值。

9.3　HBase 生态地位和系统架构

9.3.1　HBase 的生态地位解析

如图 9-1 所示，描述了 Hadoop 生态圈中的各层系统，其中 HBase 位于结构化存储层；Hadoop HDFS 为 HBase 提供了高可靠性的底层存储支持；Hadoop MapReduce 为 HBase 提供了高性能的计算能力；ZooKeeper 为 HBase 提供了稳定服务 failover（故障转移）机制。此外，Pig 和 Hive 还为 HBase 提供了高层语言支持，使得在 HBase 上进行数据统计处理变得非常简单。Sqoop 则为 HBase 提供了方便的关系数据库数据导入功能，使得关系数据库数据向 HBase 中迁移变得非常方便。

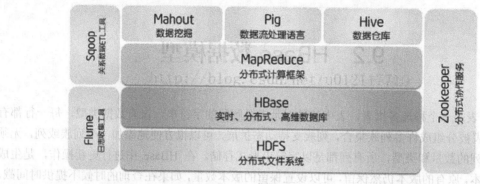

图 9-1

由于 HDFS 不适合低延迟数据访问，也不能执行随机写操作，因此对于低延迟应用程序、大量的随机读应用的场景下，HBase 是比较好的选择。HBase 通过精致设计的算法实现了对高并发数据随机读写的完美支持。

9.3.2　HBase 系统架构

HBase 的系统架构如图 9-2 所示，包括 ZooKeeper 服务器、Master 服务器、Region 服务器。HBase 一般采用 HDFS 作为底层数据存储。

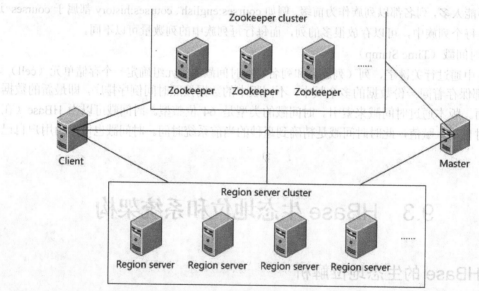

图 9-2

（1）Master

HBase Master 用于协调多个 Region Server，侦测各个 Region Server 之间的状态，并实现不同 Region Server 之间的负载均衡。HBase Master 还有一个职责就是负责分配 Region 给 Region Server。HBase 中可以启用多个 Master，但是这需要 ZooKeeper 选举出一个 Master 作为集群的总管，并保证在任何时刻总有唯一一个 Master 是提供服务的，其他的 Master 节点处于待命的状态，这避免了 Master 单点失效问题。

（2）Region Server

Region Server（下文也称 Region 服务器）响应用户的读写请求，维护分配给自己的 Region。对于一个 Region Server 而言，其包括了多个 Region。Region Server 的作用只是管理表格，以及实现读写操作。Client 直接连接 Region Server，并通信获取 HBase 中的数据。Region 是 HBase 可用性和分布式的基本单位。

（3）ZooKeeper

对于 HBase 而言，ZooKeeper 的作用是至关重要的。首先 ZooKeeper 是作为 HBase Master 的 HA 解决方案。几乎所有的分布式大数据相关的开源框架，都依赖于 ZooKeeper 实现 HA，是 ZooKeeper 保证了至少有一个 HBase Master 处于运行状态。HBase 客户端是借助 ZooKeeper 来获得 Region 的位置信息的，每个 Region Server 都要到 ZooKeeper 中进行注册。ZooKeeper 实时监控每个 Region Server 的状态并通知给 Master。

（4）Client

Client 包含访问 HBase 的接口，Client 同时维护着一些 cache 来加快对 HBase 的访问，比如缓存已经访问过的 Region 的位置信息。Client 访问 HBase 上数据的过程并不需要 Master 参与（寻址访问 ZooKeeper 和 Region Server，数据读写访问 Region Server），Master 仅仅维护表和 Region 的元数据信息，负载很低。

9.4 HBase 运行机制

9.4.1 Region

已经提到过，Table 中的所有行都按照 row key 的字典顺序排列。Table 包含的行的数量可能非常庞大，无法存储在一台机器上，需要分布存储到多台机器上，因此在行的方向上分割成多个分区，被称为 Region。

Region 是 HBase 负载均衡和调度的基本单位。每个表一开始只有一个 Region，随着数据不断插入表，Region 不断增大，当增大到一个阀值的时候，Region 就会被分成两个新的 Region，当 Table 中的行不断增多，就会有越来越多的 Region。

不同的 Region 可以分布在不同的 Region Server 上（每个 Region Server 会存储 10~1000 个 Region，一个 Region 的默认大小是 100MB 到 200MB），但同一个 Region 是不会拆分到多个 Region Server 上的。Region 的元数据即是 Region 和 Region 服务器之间的对应关系。

9.4.2 Region Server 工作原理

Region Server 内部管理了一系列 Region 对象和一个 HLog 文件，HLog 是磁盘上面的记录文件，记录着所有的更新操作。每个 Region Server 只需要维护一个 HLog 文件，所有 Region 对象共用一个 HLog，多个 Region 对象的更新操作的日志记录不断追加到单个日志文件中。

每个 Region 对象又是由一个或者多个 Store 组成的。每个 Store 包含 MemStore 和 StoreFile。MemStore 是在内存中的缓存，保存最近更新的数据。HRegion 会将大量的热数据、访问频次最高的数据存储到 MemStore 中，这样用户在读写数据的时候不需要从磁盘中进行操作，直接在内存中既可以读取到数据，正因为 MemStore 这个重要角色的存在，HBase 才能支持随机、高速读取的功能。StoreFile 是硬盘中的文件，在底层的实现方式是以 HFile 文件格式保存在 HDFS 上，而这些 HFile 文件在 HDFS 里面可能是分布式的，分布存储在不同的物理节点上。

分布式环境必须考虑系统出错的情况。HBase 采用 HLog 保证系统恢复，它是一种预写式日志（Write Ahead Log）。用户的更新数据必须首先写入日志后，才能写入 MemStore 缓存，并且直到 MemStore 缓存内容对应的日志已经写入磁盘，该缓存内容才会被刷写到磁盘。

9.4.3 Store 工作原理

Region Server 的核心是 Store，每个 Store 对应了表中的一个列族的存储。每个 Store 包含一个 MemStore（内存缓冲区）和多个 StoreFile。用户写入数据时，系统先把数据放入 MemStore，当 MemStore 缓存满了，再刷新到磁盘的一个 StoreFile 文件中。当单个 StoreFile 文件大小超过一定阈值，就会触发文件的分裂操作，同时当前一个父 Region 会被分裂成 2 个子 Region。新分裂出的 2 个子 Region 会被 Master 服务器分配到相应的 Region 服务器上。

9.5 HBase 操作实战

9.5.1 HBase 常用 shell 命令

通过 Cloudera Manager 管理界面添加服务安装 HBase 组件，安装后可以查看 HBase 状态，如图 9-3 所示。

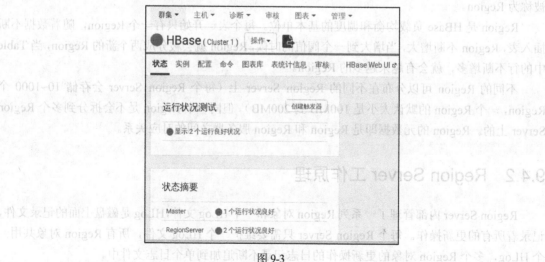

图 9-3

HBase 为用户提供很方便的 shell 命令，通过这些命令对 HBase 的表、列族、列等进行操作。

步骤01 执行创建表的命令 create 'member','member_id','address','info'，表 member 创建了 3 个列族，分别是 member_id、address 和 info，如图 9-4 所示。desc 命令获取表定义信息，包含表的所有列族、属性名、属性值。

```
hbase(main):004:0> create 'member','member_id','address','info'
0 row(s) in 1.4270 seconds

=> Hbase::Table - member
hbase(main):005:0> desc 'member'
Table member is ENABLED
member
COLUMN FAMILIES DESCRIPTION
{NAME => 'address', DATA_BLOCK_ENCODING => 'NONE', BLOOMFILTER => 'ROW', REPLICA
', TTL => 'FOREVER', KEEP_DELETED_CELLS => 'FALSE', BLOCKSIZE => '65536', IN_MEM
{NAME => 'info', DATA_BLOCK_ENCODING => 'NONE', BLOOMFILTER => 'ROW', REPLICATIO
TTL => 'FOREVER', KEEP_DELETED_CELLS => 'FALSE', BLOCKSIZE => '65536', IN_MEMORY
{NAME => 'member_id', DATA_BLOCK_ENCODING => 'NONE', BLOOMFILTER => 'ROW', REPLI
'0', TTL => 'FOREVER', KEEP_DELETED_CELLS => 'FALSE', BLOCKSIZE => '65536', IN_M
3 row(s) in 0.1320 seconds
```

图 9-4

步骤02 删除一个列族。我们之前建了 3 个列族，但是发现 member_id 这个列族是多余的。删除列族的时候必须先将表给 disable，命令如下：

```
disable 'member'
Alter 'member',{NAME=>'member_id',METHOD=>'delete'}
enable 'member'
```

步骤03 插入几条记录，命令格式：put 表名 row_key CF:column value。HBase 把 put 命令操作中跟在表名后的第一个数据作为行键。HBase 使用 put 命令添加数据，一次只能为一个表的一行数据的一个列添加一个数据，这种直接用 shell 命令插入数据效率很低，实际应用中一般是利用编程操作数据。

```
put'member','scutshuxue','info:age','24'
put'member','scutshuxue','info:birthday','1987-06-17'
put'member','scutshuxue','info:company','alibaba'
put'member','scutshuxue','address:contry','china'
put'member','scutshuxue','address:province','zhejiang'
put'member','scutshuxue','address:city','hangzhou'
put'member','xiaofeng','info:birthday','1987-4-17'
put'member','xiaofeng','info:favorite','movie'
put'member','xiaofeng','info:company','alibaba'
put'member','xiaofeng','address:contry','china'
put'member','xiaofeng','address:province','guangdong'
put'member','xiaofeng','address:city','jieyang'
put'member','xiaofeng','address:town','xianqiao'
```

步骤04 HBase 查看数据有两个命令，一个是 get 命令用于查看表的某个单元格数据，一个是 scan 命令用于查看某个表的全部数据。获取一个 row key 的所有数据，执行命令 get 'member','scutshuxue'，如图 9-5 所示。

```
hbase(main):004:0> get 'member','scutshuxue'
COLUMN                   CELL
 address: city           timestamp=1525496275832, value=hangzhou
 address: contry         timestamp=1525496275766, value=china
 address: province       timestamp=1525496275801, value=zhejiang
 info: age               timestamp=1525496275602, value=24
 info: birthday          timestamp=1525496275691, value=1987-06-17
 info: company           timestamp=1525496275723, value=alibaba
6 row(s) in 0.2100 seconds
```

图 9-5

获取 member 表，scutshuxue 中的 info 列族下的一个列 age 的值，操作命令为 get 'member','scutshuxue','info:age'，如图 9-6 所示。

```
hbase(main):006:0> get 'member','scutshuxue','info:age'
COLUMN                   CELL
 info: age               timestamp=1525496275602, value=24
1 row(s) in 0.0140 seconds
```

图 9-6

全表扫描 scan 'member'，查询 member 表的全部数据，如图 9-7 所示。

```
hbase(main):010:0> scan 'member'
ROW                      COLUMN+CELL
 scutshuxue              column=address: city, timestamp=1525496275832, value=hangzhou
 scutshuxue              column=address: contry, timestamp=1525496275766, value=china
 scutshuxue              column=address: province, timestamp=1525496275801, value=zhej
                         iang
 scutshuxue              column=info: age, timestamp=1525509159666, value=29
 scutshuxue              column=info: birthday, timestamp=1525496275691, value=1987-06
                         -17
 scutshuxue              column=info: company, timestamp=1525496275723, value=alibaba
 xiaofeng                column=address: city, timestamp=1525497562534, value=jieyang
 xiaofeng                column=address: contry, timestamp=1525497562468, value=china
 xiaofeng                column=address: province, timestamp=1525497562501, value=guan
                         gdong
 xiaofeng                column=address: town, timestamp=1525497562561, value=xianqiao
 xiaofeng                column=info: birthday, timestamp=1525497562331, value=1987-4-
                         17
 xiaofeng                column=info: company, timestamp=1525497562416, value=alibaba
 xiaofeng                column=info: favorite, timestamp=1525497562381, value=movie
2 row(s) in 0.1580 seconds
```

图 9-7

HBase 的数据查询读取，可以通过单个 row key 访问，row key 的 range 和全表扫描。HBase 不能支持 where 条件、order by 查询，只支持按照 row key 来查询，但是可以通过 HBase 提供的 API 进行条件过滤。

步骤05 更新一条记录，将 scutshuxue 的年龄改成 29，如图 9-8 所示。

```
hbase(main):007:0> put 'member','scutshuxue','info:age' ,'29'
0 row(s) in 0.1160 seconds

hbase(main):008:0> get 'member','scutshuxue','info:age'
COLUMN                    CELL
 info:age                 timestamp=1525509159666, value=29
1 row(s) in 0.0180 seconds
```

图 9-8

用户对数据每做一次修改，便形成一个新的时间戳，用于标记数据。系统默认数据保留三个时间戳，即两个历史数据，可进行自定义修改保存的版本数，如图 9-9 所示。

```
hbase(main):040:0> alter 'member',{NAME=>'info',VERSIONS=>5}
Updating all regions with the new schema...
0/1 regions updated.
1/1 regions updated.
Done.
0 row(s) in 2.9510 seconds
```

图 9-9

接下来更新数据，使其产生历史版本数据，更新表数据与插入表数据一样，都使用 put 命令，具体命令如下：

```
put 'member','scutshuxue','info:age' ,'39'
put 'member','scutshuxue','info:age' ,'49'
put 'member','scutshuxue','info:age' ,'59'
get 'member','scutshuxue',{COLUMN=>'info:age',VERSIONS=>5}
```

查询时默认情况是显示当前最新版本的数据。如果要查询历史数据，需要指定查询的历史版本数，如图 9-10 所示。

```
hbase(main):047:0> get 'member','scutshuxue',{COLUMN=>'info:age',VERSIONS=>5}
COLUMN                    CELL
 info:age                 timestamp=1525523859363, value=59
 info:age                 timestamp=1525523807450, value=49
 info:age                 timestamp=1525523776570, value=39
 info:age                 timestamp=1525509159666, value=29
 info:age                 timestamp=1525496275602, value=24
5 row(s) in 0.0330 seconds
```

图 9-10

步骤06 删除 member 表中 row key 为 temp 的'info:age'字段，命令格式：delete 表名 row_key cf:column，具体命令为 delete 'member','temp','info:age'。删除 member 表中的 xiaofeng 行的全部数据，具体命令为 deleteall 'member','xiaofeng'。

步骤07 删除 member 表需要分两步操作，第一步让该表禁用 disable 'member'，第二步删除表 drop 'member'。

9.5.2 HBase 编程实践

在 Eclipse 中创建 Java 项目，HBase 提供了 Java API 对 HBase 数据库进行操作。为了能和 HBase 交

互,添加 Java 工程所需要的 JAR 包,如图 9-11 所示,这些 JAR 包位于 HBase 安装目录的 lib 目录下。

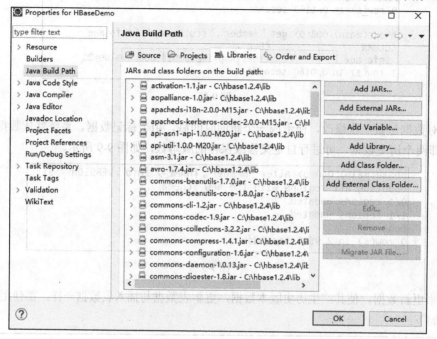

图 9-11

编写 Java 应用程序,对 HBase 数据库进行操作,如图 9-12 所示,由于篇幅限制,完整的源代码请到前言给出的链接处下载。

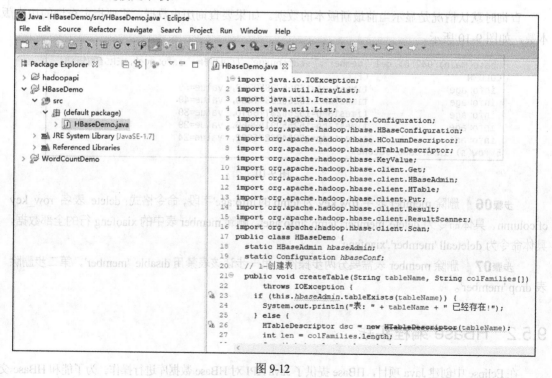

图 9-12

Export 导出 JAR 包 HBaseDemo.jar，上传到 Hadoop 集群节点上，运行 java -jar HBaseDemo.jar，结果如图 9-13 所示。

```
[hadoop@node0 ~]$ java -jar HBaseDemo.jar
log4j: WARN No appenders could be found for logger (org.apache.hadoop.security.Groups).
log4j: WARN Please initialize the log4j system properly.
log4j: WARN See http://logging.apache.org/log4j/1.2/faq.html#noconfig for more info.
创建表成功
插入行成功
插入行成功
插入行成功
row1
article
title
HBase
row1
author
name
Cat
row1
author
nickname
Tom
row key: row1 family: article qualifier: title timestamp: 1525446469845 value: HBase
row key: row1 family: author qualifier: name timestamp: 1525446469862 value: Cat
row key: row1 family: author qualifier: nickname timestamp: 1525446469882 value: Tom
[hadoop@node0 ~]$
```

图 9-13

同时通过 HBase 的 shell 命令验证结果，如图 9-14 所示。

```
hbase(main):008:0> list
TABLE
demo
user
2 row(s) in 0.0080 seconds

=> ["demo", "user"]
hbase(main):009:0> count 'demo'
1 row(s) in 0.0270 seconds

=> 1
hbase(main):010:0> scan 'demo'
ROW                   COLUMN+CELL
 row1                 column=article:title, timestamp=1525446469845, value=HBase
 row1                 column=author:name, timestamp=1525446469862, value=Cat
 row1                 column=author:nickname, timestamp=1525446469882, value=Tom
1 row(s) in 0.0300 seconds

hbase(main):011:0>
```

图 9-14

9.5.3 HBase 参数调优的案例分享

故障现象：当写入的数据总量超过一定数量（如 1TB 以上）时，系统的整体访问服务将大受影响，吞吐量及响应时间变得不稳定。

原因分析：对表预建了 20 个 Region，随着数据量膨胀分裂到了 160 个，由于写入方式是完全随机写入到各个 Region 中，因为 Region 数量过多，大量时间浪费在等待 Region 释放资源，获取

Region 连接以及释放连接等方面。

解决方案：修改配置，如图 9-15 所示。

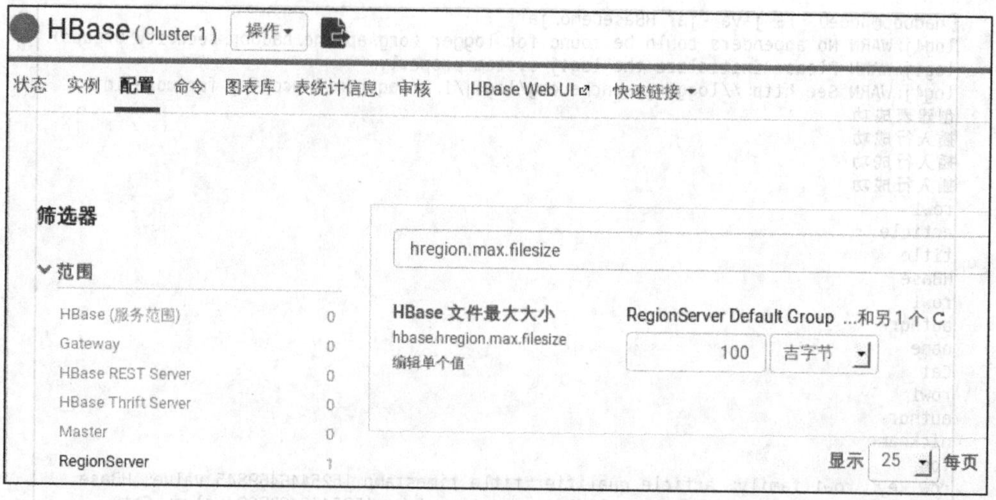

图 9-15

原理：如果任何一个 column family 里的 StoreFile 超过这个阀值，那么这个 Region 会一分为二，因为 Region 分裂会有短暂的 Region 下线时间（通常在 5s 以内）。当 hbase.hregion.max.filesize 的值比较小时，触发 split 分裂的概率更大。当大量的 Region 同时发生 split 时，系统很容易出现吞吐量及响应时间的不稳定。所以根据实际情况，修改 hbase.hregion.max.filesize 为 100G，避免 Region 过于频繁分裂，减少对业务端的影响。

第 10 章

分布式协调服务 ZooKeeper

ZooKeeper 是针对 Google Chubby 的开源实现，分布式的、用 Java 编写的、开放源码的分布式应用程序协调服务。ZooKeeper 作为一个高可用的分布式服务框架，主要用来解决分布式集群中应用系统的一致性问题。它可以减轻分布式应用程序所承担的协调任务，在越来越多的分布式系统（Hadoop、HBase、Kafka）中，ZooKeeper 都作为核心组件使用，它是一个为分布式应用提供一致性服务的软件。

10.1 ZooKeeper 的特点

ZooKeeper 工作在集群中，对集群提供分布式协调服务，它提供的分布式协调服务具有如下的特点。

- 顺序一致性：从同一个客户端发起的事务请求，最终将会严格按照其发起顺序被应用到 ZooKeeper 中。
- 原子性：所有事物请求的处理结果在整个集群中所有机器上的应用情况是一致的，即：要么整个集群中所有机器都成功应用了某一事务，要么都没有应用，一定不会出现集群中部分机器应用了该事务，另外一部分没有应用的情况。
- 最终一致性：无论客户端连接的是哪个 ZooKeeper 服务器，其看到的服务端数据模型都是一致的。
- 可靠性：一旦服务端成功地应用了一个事务，并完成对客户端的响应，那么该事务所引起的服务端状态变更将会一直保留下来，除非有另一个事务又对其进行了改变。
- 及时性：保证客户端在一定的时间间隔范围内获得服务器的最新状态。

10.2 ZooKeeper 的工作原理

10.2.1 基本架构

ZooKeeper 本身支持单机部署和集群部署，生产环境建议使用集群部署，因为集群部署不存在单点故障问题，并且 ZooKeeper 建议部署的节点个数为奇数个，只有超过一半的机器不可用整个 ZK（ZooKeeper 简称）集群才不可用。

ZooKeeper 集群中主要有两个角色 Leader 和 Follower，ZooKeeper 集群的所有机器通过一个 Leader 选举过程来选定一台被称为 Leader 的机器，一个 ZooKeeper 集群同一时刻只会有一个 Leader，其他都是 Follower。Leader 负责整个 ZooKeeper 集群的消息接收和分发，接到消息后会广播到每一台 Follower 节点上面。

每个客户端可以连接集群中的任何一个 ZooKeeper 节点，同时从连接的 ZooKeeper 上 read 信息，但是针对 write 操作，Follower 节点不会处理而是转发给 Leader，由 Leader 负责原子广播，从而保证集群中各个节点的数据一致性。ZooKeeper 规定只有当多于一半的节点同步完成 write 操作，整个 write 操作才算完成，也就是说可能会有少于一半的 ZooKeeper 节点数据不是最新的数据，因此 ZooKeeper 中数据的一致性不是强一致性而是最终一致性，但是客户端可以使用 sync() 来强制读取最新的数据。

10.2.2 ZooKeeper 实现分布式 Leader 节点选举

我们都知道 ZooKeeper 的节点有两种类型，分别是持久节点和临时节点。临时节点有个特性，就是如果注册这个节点的机器失去连接（通常是宕机），那么这个节点会被 ZooKeeper 删除。选主过程就是利用这个特性，在服务器启动的时候，去 ZooKeeper 特定的一个目录下注册一个临时节点（这个节点作为 Master，谁注册了这个节点谁就是 Master）。注册的时候，如果发现该节点已经存在，则说明已经有别的服务器注册了（也就是有别的服务器已经抢主成功），那么当前服务器只能放弃抢主，作为从机存在。同时，抢主失败的当前服务器需要订阅该临时节点的删除事件，以便该节点删除时（也就是注册该节点的服务器宕机了或者网络断了之类的）进行再次抢主操作。

选主的过程其实就是简单地争抢在 ZooKeeper 注册临时节点的操作，谁注册了约定的临时节点，谁就是 Master。所有服务器同时会在 servers 节点下注册一个临时节点（保存自己的基本信息），以便于应用程序读取当前可用的服务器列表。

10.2.3 ZooKeeper 配置文件重点参数详解

ZooKeeper 的 zoo.cfg 配置文件参数如图 10-1 所示。各个配置项说明如下。

```
zoo.cfg
tickTime=2000
initLimit=10
syncLimit=5
dataDir=/var/lib/zookeeper
dataLogDir=/var/lib/zookeeper
clientPort=2181
maxClientCnxns=60
minSessionTimeout=4000
maxSessionTimeout=60000
autopurge.purgeInterval=24
autopurge.snapRetainCount=5
quorum.auth.enableSasl=false
quorum.cnxn.threads.size=20
server.1=node0:3181:4181
server.2=node1:3181:4181
server.3=node2:3181:4181
leaderServes=yes
```

图 10-1

tickTime：客户端与服务器或者服务器与服务器之间维持心跳，以毫秒为单位。也就是作为 ZooKeeper 服务器之间或客户端与服务器之间维持心跳的时间间隔，每隔 tickTime 时间就会发送一个心跳。通过心跳不仅能够用来监听机器的工作状态，还可以通过心跳来控制 Follower 跟 Leader 的通信时间。

initLimit：这个配置项是用来配置 ZooKeeper 接受客户端初始化连接时最长能忍受多少个心跳时间间隔数，当已经超过 10 个心跳的时间（也就是 tickTime）长度后，ZooKeeper 服务器还没有收到客户端的返回信息，那么表明这个客户端连接失败。总的时间长度就是 10×2000=20 秒。

syncLimit：这个配置项标识 Leader 与 Follower 之间发送消息，请求和应答时间长度，最长不能超过多少个 tickTime 的时间长度，总的时间长度就是 5×2000=10 秒。

dataDir：存储内存中数据库快照的位置，顾名思义就是 ZooKeeper 保存数据的目录。

dataLogDir：事务日志输出目录。给事务日志的输出配置独立的 IOPS 高的磁盘，这将极大地提升 ZooKeeper 性能。

clientPort：这个端口就是客户端连接 ZooKeeper 服务器的端口，ZooKeeper 会监听这个端口，接受客户端的访问请求。

server.X=A:B:C：其中 X 是一个数字，表示这是第几号服务器。A 是该服务器所在的 IP 地址；B 表示的是该服务器和集群中的 Leader 服务器交换消息所使用的端口；C 表示的是万一集群中的 Leader 服务器挂了，需要一个端口来重新进行选举，选出一个新的 Leader。这里的 X 数字与 myid 文件中的 id 是一致的。

maxClientCnxns：单个客户端与单台服务器之间的连接数的限制，默认是 60。如果设置为 0，那么表明不作任何限制。

minSessionTimeout 和 maxSessionTimeout：一般客户端连接 ZooKeeper 的时候，都会设置一个 session timeout，如果超过这个时间 Client 没有与 ZooKeeper Server 联系，那么这个 session 被设置为过期（如果这个 session 上有临时节点，就会被全部删除），但是这个时间客户端不可以无限设置，只能通过服务器设置下面这两个参数来限制客户端设置的范围。

autopurge.snapRetainCount 和 autopurge.purgeInterval：ZooKeeper 提供了自动清理 snapshot 和事务日志的功能，通过配置 autopurge.snapRetainCount 和 autopurge.purgeInterval 这两个参数能够实现定时清理了。autopurge.purgeInterval 这个参数指定了清理频率，单位是小时，需要填写一个 1 或更大的整数，默认是 0，表示不开启自己清理功能。autopurge.snapRetainCount 这个参数指定了需要保留的文件数目。

leaderServes：默认情况下，Leader 是会接受客户端连接，并提供正常的读写服务。但是，如果你想让 Leader 专注于集群中机器的协调，那么可以将这个参数设置为 no，这样一来，会大大提高写操作的性能。

ZooKeeper 配置很简单，每个节点的配置文件 zoo.cfg 都是一样的，只有 myid 文件不一样。myid 的值必须是 zoo.cfg 中 server.{数值} 的 {数值} 部分，如图 10-2 所示。

```
[root@node0 ~]# cat /var/lib/zookeeper/myid
1
[root@node0 ~]#
```

图 10-2

如果使用 Hadoop 商业版本 Cloudera CDH，建议通过图形界面来修改配置参数，如图 10-3 所示。在 Cloudera Manager 界面上更改配置是不会立即反映到配置文件中的，这些信息会存储于数据库中，等下次重启服务时才会生成配置文件。

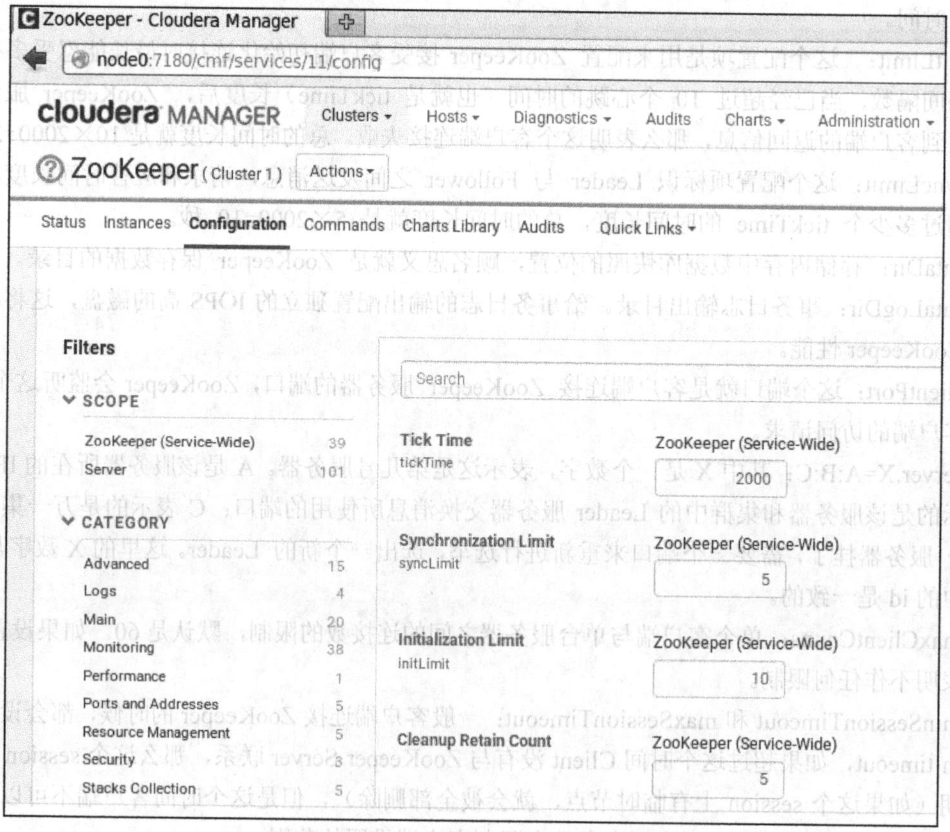

图 10-3

10.3 ZooKeeper 典型应用场景

10.3.1 ZooKeeper 实现 HDFS 的 NameNode 高可用 HA

HDFS HA 自动切换机制的核心对象是 ZKFC（FailoverController）进程，也就是我们平常在 NameNode 节点上会启动的 ZKFC 进程，用来监控 NameNode 的状态信息。ZKFC 进程仅在部署了 NameNode 的节点中存在，Active NN（NN 是 NameNode 的简称）和 Standby NN 节点都有部署 ZKFC 进程。

ZKFC 进程的作用如下。

（1）健康检测：ZKFC 会周期性地向它监控的 NameNode 发送健康探测命令，从而鉴定某个 NameNode 是否处于正常工作状态。如果机器宕机，心跳失败，那么 ZKFC 就会标记它处于不健康的状态。

（2）会话管理：如果 NameNode 是健康的，ZKFC 会保持在 ZooKeeper 中保持一个打开的会话，如果 NameNode 是 Active 状态的，那么 ZKFC 还会在 ZooKeeper 中占有一个类型为临时的 znode。当这个 NameNode 挂掉时，这个 znode 将会被删除，然后备用的 NameNode 得到这把锁，升级为主 NameNode，同时标记状态为 Active，当宕机的 NameNode 重新启动，它会再次注册 ZooKeeper，发现已经有 znode 了，就自动变为 standby 状态，如此往复循环，保证高可靠性。

（3）Master 选举：通过在 ZooKeeper 中维持一个临时类型的 znode 来实现抢占式的锁机制，从而判断哪个 NameNode 为 Active 状态。

HDFS NameNode 的高可用工作原理如图 10-4 所示。

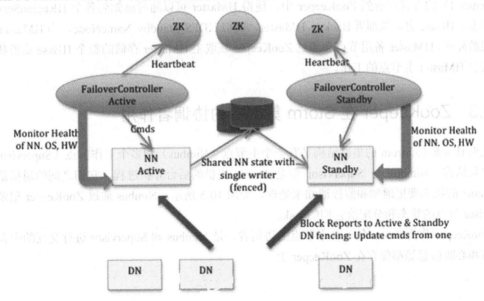

图 10-4

在上图中，NN 代表的是 NameNode，DN 代表的是 DataNode，ZK 代表的是 ZooKeeper，我们发现这个集群当中有两个 NameNode，一个处于 Active 状态，另一个处于 Standby 状态，NameNode 是受 ZooKeeper 控制的，但是又不是直接受 ZooKeeper 控制，有一个中间件 FailoverController（也就是 ZKFC 进程），每一个 NameNode 所在的机器都有一个 ZKFC 进程，ZKFC 可以给 NameNode 发送一些指令，比如切换指令。同时 ZKFC 还负责实时监控 NameNode，不断把 NameNode 的情况汇报给 ZooKeeper，一旦 Active 状态的 NameNode 发生宕机，FailoverController 就跟 NameNode 联系不上了，联系不上之后，FailoverController 就会把 Active 宕机的信息汇报给 ZooKeeper，另一个 FailoverController 便从 ZK 中得到了这条信息，然后它给监控的 NameNode 发送切换指令，让它由 Standby 状态切换为 Active 状态。

HDFS 中的 DataNode（简称 DN）既可以跟 Active 的 NameNode 通信，又可以跟 Standby 的 NameNode 通信。一旦原有 Active NameNode 宕机，DataNode 会自动向新的 Active NameNode 进行通信。Active NameNode 里面的信息与 Standby NameNode 里面的信息是实时同步的。两个 NameNode 之间共享数据，可以通过 Network File System 或者会通过一组称作 JournalNodes 的独立进程进行相互通信。

10.3.2 ZooKeeper 实现 HBase 的 HMaster 高可用

HBase 是分布式列式存储数据库，HBase 系统架构有 HRegionServer 和 HMaster 两种角色，其中 HMaster 负责管理，HRegionServer 负责维护分配给自己的数据。HBase 通过 ZooKeeper 对 HRegionServer 进行管理并实现 HMaster 的高可用。

在 HBase 中，也是使用 ZooKeeper 来实现动态 HMaster 的选举。在 HBase 实现中，会在 ZooKeeper 上存储 HBase 元数据和 HMaster 的地址，HRegionServer 也会把自己以临时节点（Ephemeral）的方式注册到 ZooKeeper 中，使得 HMaster 可以随时感知到各个 HRegionServer 的存活状态。HBase 也可以部署 Backup HMaster，类似 HDFS Standby NameNode，当 HMaster 主节点出现故障时，HMaster 备用节点会通过 ZooKeeper 获取主 HMaster 存储的整个 HBase 集群状态信息，接管 HMaster 主节点的工作。

10.3.3 ZooKeeper 在 Storm 集群中的协调者作用

实时计算框架 Strom 的集群结构是有一个主节点（Nimbus）和多个工作节点（Supervisor）组成的主从结构。Nimbus 与 Supervisor 都是 Storm 提供的后台守护进程，它们之间的通信是结合 ZooKeeper 的状态变更通知和监控通知来处理，如图 10-5 所示。Nimbus 通过 ZooKeeper 记录所有 Supervisor 节点的状态和分配给它们的 task。

ZooKeeper 作为 Storm 集群各个节点的协调者，是 Nimbus 和 Supervisor 进行交互的中介，任务状态和心跳信息等都保存在 ZooKeeper 上。

第 10 章 分布式协调服务 ZooKeeper

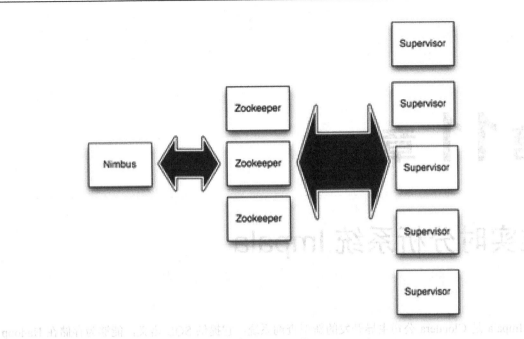

图 10-5（图中 Zookeeper 即 ZooKeeper）

概括来说，ZooKeeper 有两个作用：

（1）Nimbus 通过在 ZooKeeper 上写状态信息来分配任务。通俗地讲就是 Nimbus 负责将任务分配信息写入 ZooKeeper，Supervisor 从 ZooKeeper 上读取任务分配信息；

（2）Supervisor、Task 会发送心跳到 ZooKeeper，使得 Nimbus 可以监控整个集群的状态，从而重启一些挂掉的 worker 工作进程。

第 11 章

准实时分析系统 Impala

Impala 是 Cloudera 公司主导开发的新型查询系统，它提供 SQL 语义，能够为存储在 Hadoop 的 HDFS 和 HBase 中的 PB 级大数据提供快速、交互式的 SQL 查询。已有的 Hive 数据仓库工具由于底层执行使用的是 MapReduce 引擎，仍然是一个批处理过程，难以满足要求响应快速的交互式查询。而 Impala 是基于 MPP 的查询系统，它的最大特点就是快速。

11.1 Impala 概述

Impala 是 Cloudera 公司受到 Google 的 Dremel 启发开发出来的实时交互式 SQL 查询引擎，它在功能上类似 Hive，但是 Hive 在查询的时候采用 MapReduce 执行框架，而 Impala 用 C++编写，内部计算模式是通过使用与商用并行数据库 MPP 中类似的分布式查询引擎，不再依赖 MapReduce。在对大数据量查询时，Impala 会比 Hive 更能快速地响应返回结果。Impala 现在是 Apache 的顶级项目，官网为 http://impala.apache.org/。虽然 Impala 是参照 Dremel 来实现的，但它也有一些自己的特色，Impala 是开源的，再加上 Cloudera 在 Hadoop 领域的领导地位，其生态圈有很大可能会在将来快速成长，性能上比 Hive 高出 3~30 倍，在将来的某一天可能会完全替代 Hive。

使用 Impala 来实现对海量数据的实时查询分析，它的优势有：可以方便地执行 SQL 语句，在数秒内返回查询分析结果；可以直接查询存储在 HDFS 上的原生数据；可以非常容易地与 Hadoop 系统整合，并使用 Hadoop 生态系统的资源和优势。

就目前而言，Hive 通常用于批处理，而 Impala 是理想的交互式查询和数据分析工具。

11.2 Impala 组件构成

Impala 的组件构成如图 11-1 所示。

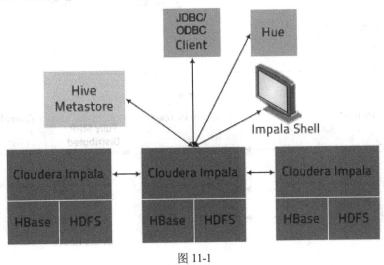

图 11-1

它的主要组件说明如下。

（1）Clients：Hue、ODBC Client、JDBC Client 和 Impala shell 都可以与 Impala 进行交互，这些接口都可以用在 Impala 的数据查询以及对 Impala 的管理上。

（2）Hive Metastore：存储 Impala 可访问数据的元数据。例如，这些元数据可以让 Impala 知道哪些数据库以及数据库的结构是可以访问的，当你创建、删除、修改数据库对象或者加载数据到数据表里面，相关的元数据变化会自动通过广播的形式通知所有的 Impala 节点，这个通知过程由 Catalog Service 完成。

（3）Cloudera Impala：Impala 的进程运行在各个数据节点（Datanode）上面。每一个 Impala 的实例都可以从 Impala client 端接收查询，进而产生执行计划、协调执行任务。数据查询分布在各个 Impala 节点上，这些节点并行执行查询。

11.3 Impala 系统架构

Impala 的系统架构设计如图 11-2 所示（颜色请参看下载包中的相关文件）。黄色部分是 Imapla 模块，蓝色部分为运行 Impala 依赖的其他模块。Imapla 整体分为两部分 StateStore 和 Impalad。StateStore 是 Impala 的一个子服务，用来监控集群中各个节点的健康状况，提供节点注册，错误检测等功能。Impala Daemon 进程是运行在集群每个节点上的守护进程，每个节点上这个进程名称为 Impalad。Impalad 运行在 DataNode 节点上，主要有两个作用：一是协调 Client 提交的 Query 的执行,给其他 Impalad 分配任务,收集其他 Impalad 的执行结果进行汇总;二是这个 Impalad 也会执行其他 Impalad 给其分配的任务,执行这部分任务主要就是对本地 HDFS 和 HBase 里的部分数据进行操作。

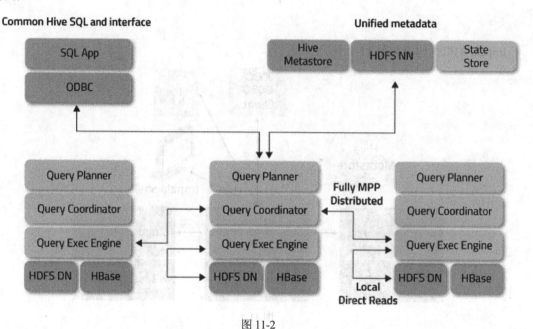

图 11-2

Impala 中表的元数据存储借用的是 Hive 的,也就是表的元数据信息存储在 Hive 的 Metastore 中。位于 HDFS 数据节点 DataNode 上的每个 Impalad 进程,都具有 Query Planner、Query Coordinator、Query Exec Engine 这几个模块。QueryPalnner 接收来自 SQL APP 和 ODBC 的 SQL 语句解释成为执行计划。Query Coordinator 将执行计划进行优化和拆分,形成执行计划片段,调度这些片段分发到各个节点上,由各个节点上的 Query Exec Engine 负责执行,最后返回中间结果,这些中间结果经过聚集之后最终返回给用户。

11.4 Impala 的查询处理流程

Impala 查询处理流程如图 11-3 所示。

这里有三类客户端可以与 Impala 进行交互:

- 基于驱动程序的客户端(ODBC Driver 和 JDBC Driver)。
- Hue 接口,可以通过 Hue Beeswax 接口来与 Impala 进行交互。
- Impala shell 命令行接口,类似关系数据库提供一些命令行即可,可以直接使用 SQL 语句与 Impala 交互。

Impala 使用 Hive Metastore 来存储一些元数据,为 Impala 所使用,通过存储的元数据,Impala 可以更好地知道整个集群中数据以及节点的状态,从而实现集群并行计算,对外部提供查询服务。

Impala 会在 HDFS 集群的 DataNode 上启动进程，协调位于集群上的多个 Impala 进程（即 Impalad），以及执行查询。在 Impala 架构中，每个 Impala 节点都可以接收来自客户端的查询请求，然后负责解析查询，生成查询计划，并进行优化，协调查询请求在其他的多个 Impala 节点上并行执行，最后由负责接收查询请求的 Impala 节点来汇总结果，响应客户端。

HBase 和 HDFS 存储着实际需要查询的大数据。这里每个 Impala 节点都能接收外部查询请求。当有一个节点发生故障后，其他节点仍然能够接管。用户可以重新提交查询由其他 Impalad 代替执行，不会影响服务。这是因为 HDFS 上数据的副本是冗余的。某些挂掉的 Impalad 进程所在节点的数据在整个 HDFS 中只要还存在副本，还是可以提供计算的。

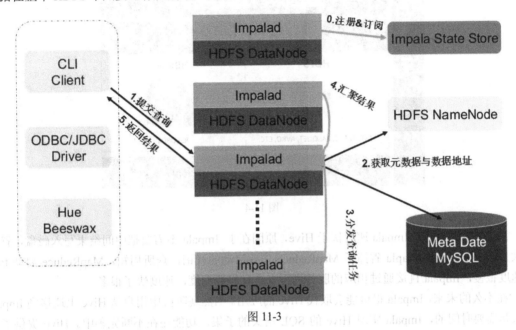

图 11-3

11.5 Impala 和 Hive 的关系和对比

Impala 与 Hive 在 Hadoop 中的关系如图 11-4 所示。Hive 适合于长时间的批处理查询分析，而 Impala 适合于实时交互式 SQL 查询。Impala 和 Hive 都支持把数据存储于 HDFS、HBase。Impala 直接使用 Hive 的元数据库 Metadata，意味着 Impala 元数据都存储在 Hive 的 Metastore。两者都是为了方便数据分析人员运用已掌握的 SQL 知识进行数据的分析，不需要软件开发经验。Impala 可以与 Hive 配合使用，比如可以先使用 Hive 进行数据转换处理，然后使用 Impala 在 Hive 处理后的结果数据集上进行快速的数据分析。

从原理机制角度来看，Hive 与 Impala 不同在于，Hive 本身并不执行任务的分析过程，而是依赖于 MapReduce 执行框架。而 Impala 没有使用 MapReduce 进行并行计算，Impala 把整个查询分析成一个执行计划树，而不是一连串的 MapReduce 任务，它使用与商用并行关系数据库 MPP 中类似的查询机制。

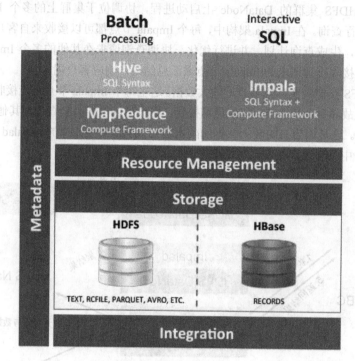

图 11-4

从技术角度来看，Impala 速度快于 Hive，原因在于 Impala 不需要把中间结果写入磁盘，省掉了大量的 I/O 开销；Imapla 省掉了 MapReduce 作业启动的开销，众所周知，MapReduce 启动 task 的速度很慢，Impala 直接通过相应的服务进程来进行作业调度，速度快了很多。

在不久的未来，Impala 很可能会取代 Hive 的应用。当然现阶段中用户从 Hive 上迁移到 Impala 上来是需要时间的，Impala 实现 Hive 的 SQL 语义的子集，功能还在不断完善中。Hive 提供了很多内部函数，并且对 UDF（用户自定义函数）支持得很好。所以目前来看，Impala 并不是用来取代已有的 MapReduce 系统，而是作为 MapReduce 的一个强力补充。总的来说，Impala 适合用来处理输出数据适中或比较小的且对响应时间有要求的查询，而对于大数据量的批处理任务，MapReduce 依然是更好的选择。

11.6 Impala 安装

在 Cloudera Manager 管理界面点击"添加服务"，选择要添加的服务类型为 Impala，如图 11-5 所示。

定义 Impala 角色分配，我们将 Catalog 服务（作用是将 Impala 表的 Metadata 分发到各个 Impalad 中）和 StateStore（负载收集分布在集群中各个 Imapalad 进程资源信息，各节点健康状况等）部署在主节点 node0 上，将 Imapala Daemon（它是运行在集群每个节点上的守护进程，在每个节点上这个进程的名称为 Impalad）节点部署在从节点上，如图 11-6 所示。

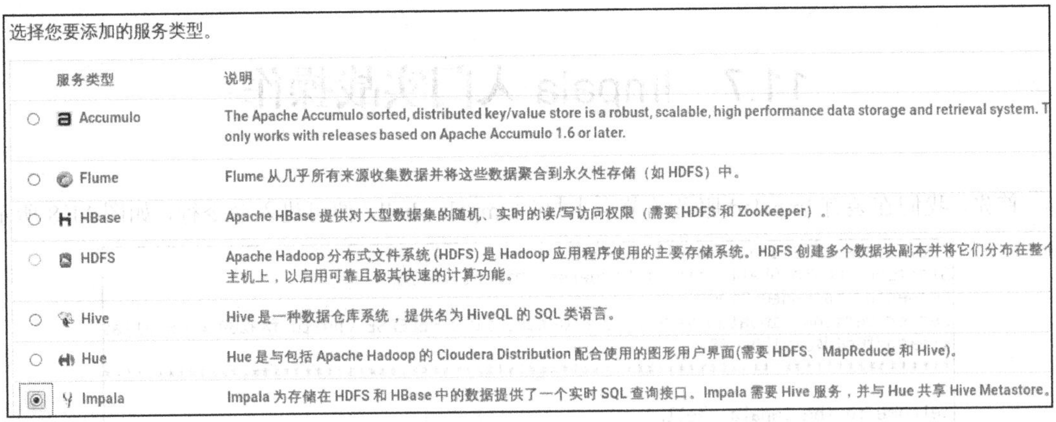

第 11 章 准实时分析系统 Impala

图 11-5

图 11-6

点击"继续",完成 Impala 的安装。回到 Cloudera Manager 管理界面首页,启动 Impala 服务,如图 11-7 所示。

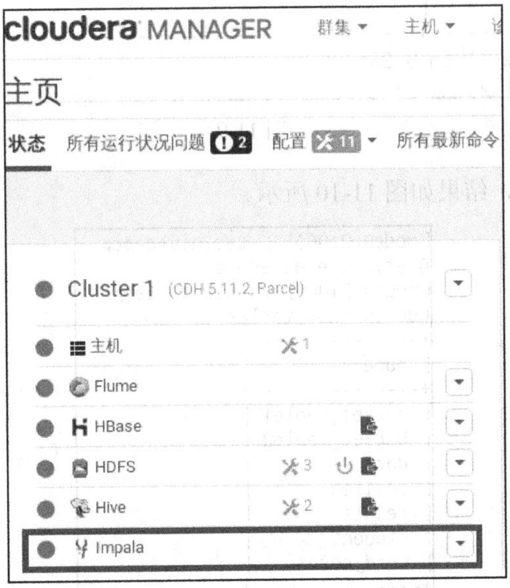

图 11-7

11.7　Impala 入门实战操作

首先，我们在装有 Impalad 服务的节点上执行 impala-shell，便可进入命令行，如图 11-8 所示。

```
[hdfs@node0 ~]$ impala-shell
Starting Impala Shell without Kerberos authentication
Connected to node0:21000
Server version: impalad version 2.8.0-cdh5.11.2 RELEASE (build f89269c4b96da14a8
41e94bdf6d4d48821b0d658)
***********************************************************************************
***
Welcome to the Impala shell.
(Impala Shell v2.8.0-cdh5.11.2 (f89269c) built on Fri Aug 18 14:04:44 PDT 2017)

Every command must be terminated by a ';'.
***********************************************************************************
***
[node0:21000] >
```

图 11-8

执行 show databases 命令可以看到 hivedemo 数据库，如图 11-9 所示，hivedemo 是我们在此前介绍 Hive 章节中通过 Hive shell 命令行创建的数据库。

```
[node0:21000] > show databases;
Query: show databases
+-----------------+---------------------------------------------+
| name            | comment                                     |
+-----------------+---------------------------------------------+
| _impala_builtins| System database for Impala builtin functions|
| default         | Default Hive database                       |
| hivedemo        |                                             |
+-----------------+---------------------------------------------+
Fetched 3 row(s) in 0.26s
[node0:21000] >
```

图 11-9

执行 show tables 命令，结果如图 11-10 所示。

```
[node0:21000] > use hivedemo;
Query: use hivedemo
[node0:21000] > show tables;
Query: show tables
+---------------+
| name          |
+---------------+
| bucket_table1 |
| bucket_table2 |
| docs          |
| invites       |
| result        |
| student       |
| word_count    |
+---------------+
Fetched 7 row(s) in 0.03s
[node0:21000] >
```

图 11-10

Impala 执行 select count(*) from student 语句明显非常快，而 Hive 执行同样语句，本质上是启动 MapReduce 任务，明显慢了很多，如图 11-11、图 11-12 所示。

```
[node0:21000] > select count(*) from student;
Query: select count(*) from student
Query submitted at: 2018-09-07 17:53:56 (Coordinator: http://node0:25000)
Query progress can be monitored at: http://node0:25000/query_plan?query_id=7948c
c73245726ce:222e087500000000
+----------+
| count(*) |
+----------+
| 6        |
+----------+
Fetched 1 row(s) in 0.21s
[node0:21000] >
```

图 11-11

```
hive> select count(*) from student;
Query ID = hdfs_20180907175656_927093f1-5b72-45ab-b055-730c66e8541a
Total jobs = 1
Launching Job 1 out of 1
Number of reduce tasks determined at compile time: 1
In order to change the average load for a reducer (in bytes):
  set hive.exec.reducers.bytes.per.reducer=<number>
In order to limit the maximum number of reducers:
  set hive.exec.reducers.max=<number>
In order to set a constant number of reducers:
  set mapreduce.job.reduces=<number>
Starting Job = job_1536287615696_0001, Tracking URL = http://node0:8088/proxy/ap
plication_1536287615696_0001/
Kill Command = /opt/cloudera/parcels/CDH-5.11.2-1.cdh5.11.2.p0.4/lib/hadoop/bin/
hadoop job  -kill job_1536287615696_0001
Hadoop job information for Stage-1: number of mappers: 1; number of reducers: 1
2018-09-07 17:56:37,716 Stage-1 map = 0%,  reduce = 0%
2018-09-07 17:56:59,157 Stage-1 map = 100%,  reduce = 0%, Cumulative CPU 3.7 sec
2018-09-07 17:57:12,073 Stage-1 map = 100%,  reduce = 100%, Cumulative CPU 5.57
sec
MapReduce Total cumulative CPU time: 5 seconds 570 msec
Ended Job = job_1536287615696_0001
MapReduce Jobs Launched:
Stage-Stage-1: Map: 1  Reduce: 1   Cumulative CPU: 5.57 sec   HDFS Read: 7038 HD
FS Write: 2 SUCCESS
Total MapReduce CPU Time Spent: 5 seconds 570 msec
OK
6
Time taken: 55.578 seconds, Fetched: 1 row(s)
hive>
```

图 11-12

还可以执行 create table student_copy as select * from student 命令，直接将查询出来的数据导入到一张新表 student_copy 中，如图 11-13 所示。

```
[node0:21000] > create table student_copy as select * from student;
Query: create table student_copy as select * from student
Query submitted at: 2018-09-07 17:59:59 (Coordinator: http://node0:25000)
Query progress can be monitored at: http://node0:25000/query_plan?query_id=4a4a4
40c0ab1582b:24d8f38c00000000
+-------------------+
| summary           |
+-------------------+
| Inserted 6 row(s) |
+-------------------+
Fetched 1 row(s) in 1.84s
[node0:21000] >
```

图 11-13

在 Hive shell 中 show tables 是可以看到在 Impala shell 中创建的 student_copy 这张表的。我们在 Hive shell 中执行类似的语句，将查询出来的数据插入到新表 student_copy2，Hive 同样是启动 MapReduce 任务，如图 11-14 所示。

```
hive> create table student_copy2 as select * from student;
Query ID = hdfs_20180907180000_2a9d60f1-569e-4093-bb9a-6fd1296992be
Total jobs = 3
Launching Job 1 out of 3
Number of reduce tasks is set to 0 since there's no reduce operator
Starting Job = job_1536287615696_0002, Tracking URL = http://node0:8088/proxy/appl
Kill Command = /opt/cloudera/parcels/CDH-5.11.2-1.cdh5.11.2.p0.4/lib/hadoop/bin/ha
Hadoop job information for Stage-1: number of mappers: 1; number of reducers: 0
2018-09-07 18:01:01,638 Stage-1 map = 0%,  reduce = 0%
2018-09-07 18:01:13,924 Stage-1 map = 100%, reduce = 0%, Cumulative CPU 2.31 sec
MapReduce Total cumulative CPU time: 2 seconds 310 msec
Ended Job = job_1536287615696_0002
Stage-4 is selected by condition resolver.
Stage-3 is filtered out by condition resolver.
Stage-5 is filtered out by condition resolver.
Moving data to: hdfs://node0:8020/user/hive/warehouse/hivedemo.db/.hive-staging_hi
Moving data to: hdfs://node0:8020/user/hive/warehouse/hivedemo.db/student_copy2
Table hivedemo.student_copy2 stats: [numFiles=1, numRows=6, totalSize=65, rawDataS
MapReduce Jobs Launched:
Stage-Stage-1: Map: 1   Cumulative CPU: 2.31 sec   HDFS Read: 3219 HDFS Write: 143
Total MapReduce CPU Time Spent: 2 seconds 310 msec
OK
Time taken: 33.162 seconds
```

图 11-14

这时你在 Impala shell 中只需执行 INVALIDATE METADATA，即可将 Hive 的元数据同步到 Impala，如图 11-15 所示。

```
[node0:21000] > INVALIDATE METADATA;
Query: invalidate METADATA
Query submitted at: 2018-09-07 18:04:31 (Coordinator: http://node0:25000)
Query progress can be monitored at: http://node0:25000/query_plan?query_id=95428
52f92875b20:ada94d9100000000

Fetched 0 row(s) in 4.57s
[node0:21000] > show tables;
Query: show tables
+---------------+
| name          |
+---------------+
| bucket_table1 |
| bucket_table2 |
| docs          |
| invites       |
| result        |
| student       |
| student_copy  |
| student_copy2 |
| word_count    |
+---------------+
Fetched 9 row(s) in 0.01s
```

图 11-15

　　以上是 Impala 的一些基本的命令，可以看到 Impala 使用 SQL 作为查询语言，保持了与 HiveQL 高度兼容性。Impala 抛弃了 MapReduce，使用更类似于传统的 MPP 数据库技术，大大提高了查询的速度。

第 12 章

日志采集工具 Flume

Flume 是分布式日志采集系统，由 Cloudera 大数据公司开发出来，并在 2009 年贡献给 Apache 基金会，成为 Hadoop 生态系统的组件之一。特别是这几年随着 Flume 不断改进和完善，用户在开发过程中的使用变得很方便，如今 Flume 已成为 Apache 顶级项目之一。

12.1　Flume 概述

Flume 是 Cloudera 提供的一个分布式、高可用、高可靠的海量日志采集、聚合和传输的系统，支持在日志系统中定制各类数据发送方，用于收集数据，同时提供了对数据进行简单处理并写到各种数据接收方的能力。

Flume 的结构如图 12-1 所示。它的设计原理是基于数据流的，能够将不同数据源的海量日志数据进行高效收集、聚合、移动，最后存储到一个中心化数据存储系统中。Flume 能够做到实时推送事件，并且可以满足数据量是持续且量级很大的情况。比如它可以收集社交网站日志，并将这些数量庞大的日志数据从网站服务器上汇集起来，存储到 HDFS 或 HBase 分布式数据库中。

Flume 的应用场景：比如你想做一个类似淘宝的电商网站，想从网站访问者中访问一些特定的节点区域来分析消费者的购物意图和行为。为了实现这一点，需要收集到消费者访问的页面以及点击的产品等日志信息，并移交到大数据 Hadoop 平台上去分析，可以利用 Flume 做到这一点。现在流行的内容推送，比如广告定点投放以及新闻私人定制也是基于这个道理，当然不一定是使用 Flume，比如淘宝 TimeTunnel 工具（TimeTunnel 在阿里巴巴广泛地应用于日志采集）。

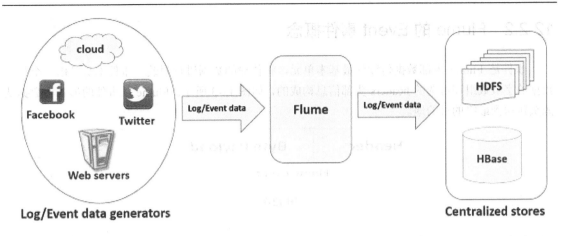

图 12-1

12.2 Flume 体系结构

12.2.1 Flume 外部结构

Flume 的外部结构如图 12-2 所示，数据发生器（Data Generator，如 Facebook 社交网站、Twitter 微博）产生的数据被单个运行在数据发生器所在服务器上的 Agent 所收集，之后数据收集器（Data Collector）从各个 Agent 上汇集数据，并将采集到的数据存入到 HBase 分布式数据或 HDFS 分布式文件系统中。

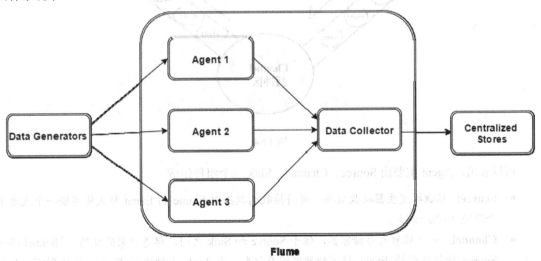

图 12-2

12.2.2 Flume 的 Event 事件概念

事件是 Flume 内部数据传输的最基本单元,将传输的数据进行封装。事件本身是由一个载有数据的字节数组和可选的 headers 头部信息构成的,如图 12-3 所示。Flume 以事件的形式将数据从源头传送到最终的目的地。

图 12-3

12.2.3 Flume 的 Agent

Flume 内部有一个或者多个 Agent。对于一个 Agent 来说,Flume 就是一个独立的守护进程,把数据从数据源 Source 收集过来,再将收集到的数据快速地传给下一个目的节点 Sink。将数据发送到 Sink 之前,Flume 会先将数据缓存到 Channel,待数据真正到达 Sink 后,再删除自己缓存的数据,如图 12-4 所示。

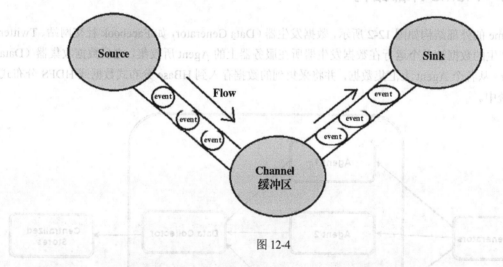

图 12-4

可以看出,Agent 主要由 Source、Channel、Sink 三个组件组成。

- **Source:** 从数据发生器接收数据,并将接收的数据以 Flume 的 Event 格式传递给一个或者多个通道(Channel)。
- **Channel:** 一种短暂的存储容器,位于 Source 和 Sink 之间,起着桥梁的作用。Channel 将从 Source 处接收到的 Event 格式的数据缓存起来,当 Sink 成功地将 Events 发送到下一跳的 Channel 或最终目的地后,Events 从 Channel 移除。Channel 是一个完整的事务,这一点保证了数据在收发的时候的一致性。可以把 Channel 看成一个队列,优点是 FIFO(先进先出),Event 保存到队列中,再从队列尾部一个个出来。Flume 着重于数据的传输,几乎没有数据的解析预处理,仅仅是数据的产生,封装成 Event 后传输。数据只有存储在下一个存储位置(可能是最终的存储位置，如 HDFS；也可能是下一个 Flume 节点的 Channel），才会从当前的 Channel 中删除。
- **Sink：** 负责将 Events 传输到下一跳或者最终目的地，从 Channels 消费数据 Events 并将其传递给目的地。目的地可能是另一个 Sink，也可能是集中存储器 HDFS 或 HBase 等。

Source、Channel、Sink 的组合形式如图 12-5 所示。

过程简要说明如下：

（1）外部数据源（Web Server）将 Flume 可识别的 Event 发送到 Source。
（2）Source 源收到 Event 事件后存储到一个或多个 Channel 通道中。
（3）Channel 保留 Event 直到 Sink 将其处理完毕。
（4）Sink 从 Channel 中取出数据，并将其传输至外部存储（HDFS）。

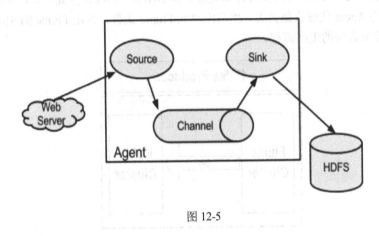

图 12-5

Flume 使用事务的办法来保证 Event 的可靠传递。Source 和 Sink 分别被封装在事务中，由保存 Event 的存储提供或者由 Channel 提供。这就保证了 Event 在数据流的点对点传输中是可靠的。

从结构图上可以看出，Flume 日志采集工具是一个集群式的部署方式，所以要按照主机所担当的角色来选择。在 Flume 日志采集系统的系统架构中，共有三种主机角色：日志采集源（Source）、渠道/缓冲区（Channel）和目标主机（Sink）。

12.3　Flume 安装和集成

12.3.1　搭建 Flume 环境

只需要在 Cloudera Manager 的 CDH 添加对应的 Flume 服务，就可以在平台使用 Flume 的所有命令和脚本。添加服务向导，如图 12-6 所示。

12.3.2 Kafka 与 Flume 集成

Kafka 生产的数据是由 Flume 的 Sink 提供的。这里需要用到 Flume 集群，通过 Flume 集群将 Agent 的日志采集分发到 Kafka（供实时计算处理）和 HDFS（离线计算处理），如图 12-7 所示。

通过 Flume 的 Agent 代理收集日志，然后汇总到 Flume 集群，再由 Flume 的 Sink 将日志输送到 Kafka 集群，完成数据的生产流程。

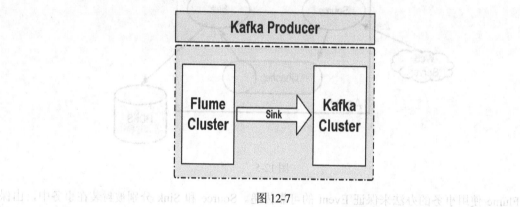

图 12-7

12.4 Flume 操作实例介绍

12.4.1 例子概述

用 Flume 读取指定目录下面的 log 文件数据，发送给 Kafka 消息队列，再进行消费数据，最后在命令窗口把信息打印出来。

12.4.2 第一步：配置数据流向

当我们将 Flume 和 Kafka 都部署完成后，需要继续配置 Flume 的 Sink 数据流向。进入 /opt/cloudera/parcels/CDH/etc/flume-ng/conf.empty 目录，编辑一个名称叫 kafka.properties 的文件。kafka.properties 内容如下：

```
agent.sources = s1
```

```
agent.channels = c1
agent.sinks = k1
agent.sources.s1.type=exec
agent.sources.s1.command=tail -F /tmp/logs/kafka.log
agent.sources.s1.channels=c1
agent.channels.c1.type=memory
agent.channels.c1.capacity=10000
agent.channels.c1.transactionCapacity=100
#设置Kafka接收器
agent.sinks.k1.type = org.apache.flume.sink.kafka.KafkaSink
#设置Kafka的broker地址和端口号
agent.sinks.k1.brokerList=hadoop:9092
#设置Kafka的Topic
agent.sinks.k1.topic=kafkatest
#设置序列化方式
agent.sinks.k1.serializer.class=kafka.serializer.StringEncoder
agent.sinks.k1.channel=c1
```

很明显，由配置文件可以了解到：

（1）需要在/tmp/logs下建一个kafka.log文件，且向文件中输出内容。

（2）Flume连接到Kafka的地址是localhost:9092，注意不要配置出错。

（3）Flume会将采集后的内容输出到Kafka topic kafkatest。启动ZK，之后Kafka会打开一个终端消费topic kafkatest的内容。这样就可以看到Flume与Kafka之间的通信。

12.4.3 第二步：启动服务

按顺序启动ZooKeeper、Kafka、Flume，如图12-8所示。注意，启动Flume之前，要确保ZooKeeper和Kafka先启动成功。

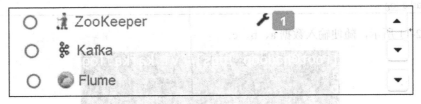

图 12-8

12.4.4 第三步：新建空数据文件

进入Linux环境的/tmp/logs目录下面，新建一个空数据文件kafka.log。

```
#编辑文件
$vi kafka.log
```

12.4.5 第四步：运行flume-ng命令

进入Linux环境的/opt/cloudera/parcels/CDH/etc/flume-ng/conf.empty目录下，运行下面的命令

脚本（见图 12-9）：

```
#命令语句
$flume-ng agent --conf-file kafka.properties -c conf/ --name agent
-Dflume.root.logger=DEBUG,console
```

```
[root@hadoop conf.empty]# flume-ng agent --conf-file kafka.properties -c conf.empty/ --name agent -Dflu
me.root.logger=DEBUG,console
```

图 12-9

12.4.6 第五步：运行命令脚本

进入 Linux 环境的 /opt/cloudera/parcels/KAFKA/lib/kafka/bin 目录下，运行下面的命令脚本：

```
#命令语句
$./kafka-console-consumer.sh --ZooKeeper localhost:2181 --topic kafkatest
```

如图 12-10 所示，注意此命令窗口不要关闭。

```
[root@hadoop bin]# ./kafka-console-consumer.sh --zookeeper localhost:2181 --topic kafkatest
```

图 12-10

12.4.7 最后一步：测试结果

新开启一个终端窗口，进入 Linux 环境的 /tmp/logs 目录下，随意插入一些数据到 kafka.log 文件中，命令脚本如下：

```
#命令语句
$vi kafka.log
```

如图 12-11 所示，随便输入数据 a、b、c。

```
[root@hadoop logs]# vi kafka.log
a
b
c
```

图 12-11

如图 12-12 所示，在下面的命令窗口中如果出现插入的信息，就表明本案例顺利完成。

```
[root@hadoop bin]# ./kafka-console-consumer.sh --zookeeper localhost:2181 --topic kafkatest
a
b
c
```

图 12-12

第 13 章

分布式消息系统 Kafka

Kafka 是 Linkedin 于 2010 年 12 月开源的消息系统,主要用于处理活跃的流式数据。活跃的流式数据在 Web 网站应用中非常常见,包括网站的 pv、用户访问了什么内容、用户搜索了什么内容等。这些数据通常以日志的形式记录下来,然后每隔一段时间进行一次统计处理。

传统的日志分析系统提供了一种离线处理日志信息的可扩展方案,若要进行实时处理,通常会有较大延迟。而现有的消息(队列)系统能够很好地处理实时或者近似实时的应用,但未处理的数据通常不会写到磁盘上,这对于 Hadoop 之类(一小时或者一天只处理一部分数据)的离线应用而言可能存在问题。Kafka 正是为了解决以上问题而设计的,它能够很好地支持离线和在线应用。

13.1 Kafka 架构设计

13.1.1 基本架构

Kafka 的整体架构是很简单的,它是显式分布式架构,架构图如图 13-1 所示。从架构图可以看出,生产者 Producer、缓存代理 Broker 和消费者 Consumer 都可以有多个。Producer 和 Consumer 实现 Kafka 注册的接口,数据从 Producer 发送到 Broker,Broker 承担一个中间缓存和分发的作用。Broker 分发注册到系统中的 Consumer。Broker 的作用类似于缓存,即活跃的数据和离线处理系统之间的缓存。客户端和服务器端的通信是基于简单的、高性能的且与编程语言无关的 TCP 协议。

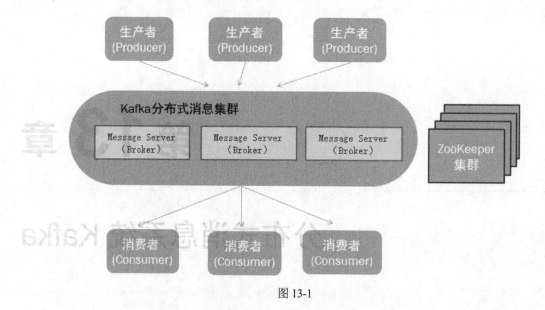

图 13-1

Kafka 使用 ZooKeeper 作为其分布式协调框架,其动态扩容是通过 ZooKeeper 来实现的。

13.1.2 基本概念

数据发生器(如 Facebook、Twitter)产生的数据会被单个地运行在其服务器上的 Agent 所收集,之后数据收集器从各个 Agent 上汇集数据,并将采集到的数据存入 HDFS 或者 HBase 中。这个过程涉及以下几个基本概念。

(1)Topic:特指 Kafka 处理的消息源的不同分类。

(2)Partition:Topic 物理上的分组,一个 Topic 可以分为多个 Partition,每个 Partition 是一个有序的队列。Partition 中的每条消息都会被分配一个有序的 id。

(3)Message:消息,是通信的基本单位。每个 Producer 可以向一个 Topic(主题)发布一些消息。

(4)Producer:消息和数据生产者。向 Kafka 的一个 Topic 发布消息的过程叫作 Producer。

(5)Consumer:消息和数据消费者。订阅 Topics 并处理其发布的消息的过程叫作 Consumer。

(6)Broker:缓存代理。Kafka 集群中的一台或多台服务器统称为 Broker。一台 Kafka 服务器就是一个 Broker。一个集群由多个 Broker 组成,一个 Broker 可以容纳多个 Topic。

13.1.3 Kafka 主要特点

(1)同时为发布和订阅提供高吞吐量。Kafka 每秒可以生产约 25 万条消息(50 MB),每秒处理 55 万条消息(110 MB)。

(2)可进行持久化操作。将消息持久化到磁盘,因此可用于批量消费(例如 ETL)以及实时应用程序。通过将数据持久化到硬盘以及 replication,以防止数据丢失。

（3）分布式系统，易于向外扩展。所有的 Producer、Broker 和 Consumer 都会有多个，均为分布式的，无须停机即可扩展机器。

（4）消息被处理状态是在 Consumer 端维护，而不是由 Server 端维护，当失败时能自动平衡。

（5）支持 online（在线）和 offline（离线）的场景。

13.2 Kafka 原理解析

13.2.1 主要的设计理念

Kafka 之所以和其他绝大多数信息系统不同，是由下面这几个为数不多的比较重要的设计理念决定的：

- Kafka 在设计之时，就将持久化消息作为通常的使用情况进行考虑。
- Kafka 主要的设计约束是吞吐量而不是功能。
- 和 Kafka 有关的那些已经被使用了的状态信息保存为数据消费者（Consumer）的一部分，而不是保存在服务器之上。
- Kafka 是一种显式的分布式系统。它假设数据生产者（Producer）、代理（Broker）和数据消费者（Consumer）分散于多台机器之上。

13.2.2 ZooKeeper 在 Kafka 的作用

ZooKeeper 在 Kafka 的作用如下：

- 无论是 Kafka 集群还是 Producer 和 Consumer，都靠 ZooKeeper 来保证系统可用性，集群保存一些 meta 元信息。
- Kafka 使用 ZooKeeper 作为其分布式协调框架，很好地将消息生产、消息存储、消息消费的过程结合在一起。
- 借助 ZooKeeper 的作用，Kafka 能够将生产者、消费者和 Broker 在内的所有组件在无状态的情况下，建立起生产者和消费者的订阅关系，并实现生产者与消费者的负载均衡。
- Kafka 增加和减少服务器都会在 ZooKeeper 节点上触发相应的事件，Kafka 系统会捕获这些事件，进行新一轮的负载均衡，客户端也会捕获这些事件来进行新一轮的处理。

13.2.3 Kafka 在 ZooKeeper 的执行流程

观察 Kafka 的执行流程图（图 13-2），可以得出下面的结论：

- Server1 就是 Kafka 的 Server，因为 Producer 和 Consumer 都要使用它，Broker 主要还是作为存储使用。
- Server2 是 ZooKeeper 的 Server 端，记录了各个节点的 IP、端口等信息。

- Server3、Server4、Server5 的共同之处就是都配置了 zkClient，更明确地说就是运行前必须配置 ZooKeeper 的地址，这之间的连接都需要 ZooKeeper 来进行分发。
- Server1 和 Server2 可以放在一台机器上，也可以分开放。ZooKeeper 也可以配成集群，目的是防止某一台 ZooKeeper 服务器异常宕机。

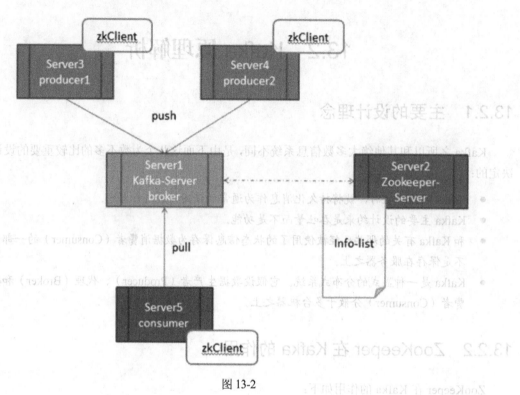

图 13-2

13.3 Kafka 安装和部署

13.3.1 CDH5 完美集成 Kafka

Cloudera 已经完美集成 Kafka，仅仅把 Kafka 的包和 CDH 的 Parcel 包进行分离。安装时只需要把分开的 Kafka 的服务描述 JAR 包和服务 Parcel 包进行下载，就可以实现完美集成。下面就是根据官方文档进行的集成过程。

Kafka 相关包的准备：

```
csd 包：http://archive.cloudera.com/csds/kafka/
parcel 包：http://archive.cloudera.com/kafka/parcels/latest/
```

因为使用的是 CentOS6.5，且是 64 位的系统，所以下载的 Parcel 包为：

```
KAFKA-0.8.2.0-1.kafka1.3.2.p0.56-el6.parcel
KAFKA-0.8.2.0-1.kafka1.3.2.p0.56-el6.parcel.sha1
```

第一步：关闭集群，关闭 cm 服务。（假如不关闭 cm 服务，在添加 Kafka 服务时就会出现找不到相关服务描述的问题。）

第二步：将 csd 包放到 cm 安装节点下的 /opt/cloudera/csd 目录下。

第三步：将 parcel 包放到 cm 安装节点下的 /opt/cloudera/parcel-repo 目录下。

第四步：重启服务，执行 service cloudera-scm-agent restart 和 service cloudera-scm-server restart。

第五步：启动 cm 服务，分配并激活 Parcel 包，结果如图 13-3 所示。

图 13-3

第六步：添加 Kafka 服务，如图 13-4 所示。

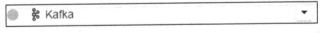

图 13-4

最后一步：启动服务，如图 13-5 所示。

图 13-5

13.3.2 Kafka 部署模式和配置

Kafka 部署基本有下面三种方式，如图 13-6 所示。

单 Broker 的配置：

```
#配置
broker.id: 0
port: 9092
log.dirs: /root/kafka/logs
zookeeper.connect: zookeeper01:2181
```

- 单Broker模式

- 单机多Broker模式（伪集群模式）

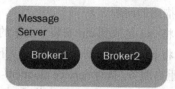

- 多机多Broker模式（真正的集群模式）

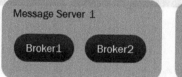 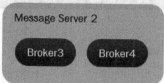

图 13-6

单机多 Broker 的配置：

```
#Broker1
broker.id: 1
port: 9093
log.dirs: /root/kafka/logs/broker2
zookeeper.connect: zookeeper01:2181
#Broker2
broker.id: 2
port: 9093
log.dirs: /root/kafka/logs/broker2
zookeeper.connect: zookeeper01:2181
```

多机多 Broker 的配置：

```
#Broker1
broker.id: 1
port: 9093
log.dirs: /root/kafka/logs/broker1
zookeeper.connect: zookeeper01:2181
#Broker3
broker.id: 3
port: 9093
log.dirs: /root/kafka/logs/broker3
zookeeper.connect: zookeeper02:2181
```

核心配置文件是 server.properties。默认情况下，在每个 Kafka Broker 中的配置文件必须配置的属性如图 13-7 所示。

```
broker.id=0
num.network.threads=2
num.io.threads=8
socket.send.buffer.bytes=1048576
socket.receive.buffer.bytes=1048576
socket.request.max.bytes=104857600
log.dirs=/tmp/kafka-logs
num.partitions=2
log.retention.hours=168

log.segment.bytes=536870912
log.retention.check.interval.ms=60000
log.cleaner.enable=false

zookeeper.connect=localhost:2181
zookeeper.connection.timeout.ms=1000000
```

图 13-7

13.4 Java 操作 Kafka 消息处理实例

13.4.1 例子概述

Kafka 是吞吐量巨大的消息系统，可以使用 Scala 语言编写程序，也支持 Java 语言。

例子概述第一部分：使用 Java 语言编写生产者 ProducerDemo 代码，代码的业务功能是每隔 5 秒将消息发布到 Topic 主题中。

例子概述第二部分：使用 Java 语言编写消费者 ConsumerDemo 代码，代码的业务功能是实时消费或者处理 Topic 的日志信息，最终在命令窗口打印出结果信息。

13.4.2 第一步：新建工程

打开 Eclipse 这个开发工具，新建一个 Java 工程，如图 13-8 所示。

13.4.3 第二步：编写代码

在 Eclipse 的工程里面，新建 Java 程序，编写代码，并生成 Class 文件，如图 13-9 所示。

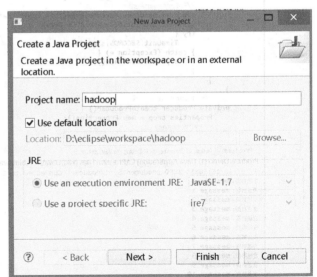

图 13-8

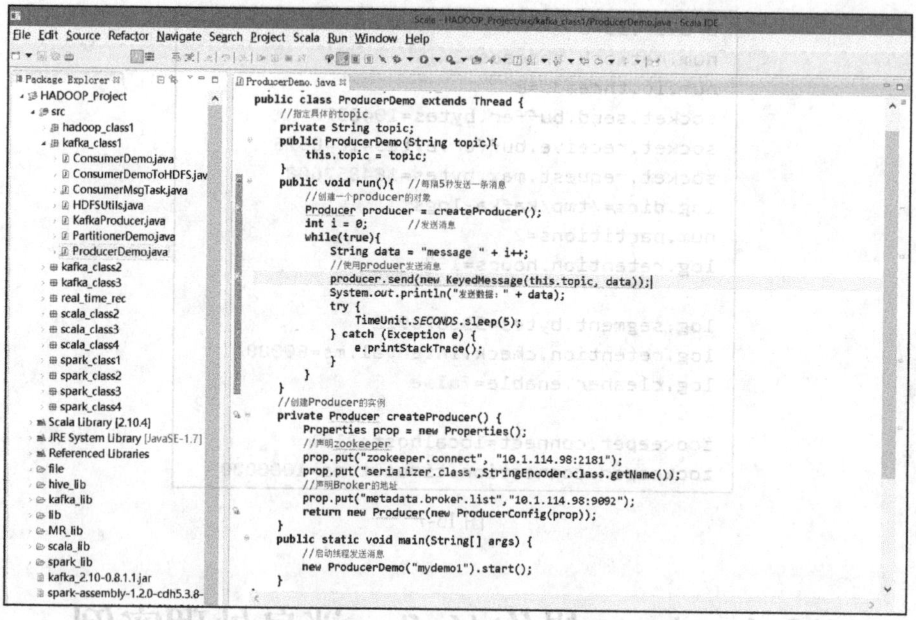

图 13-9

13.4.4 第三步：运行发送数据程序

右击 ProducerDemo 程序的 "run"，程序就开始运行，如图 13-10 所示。

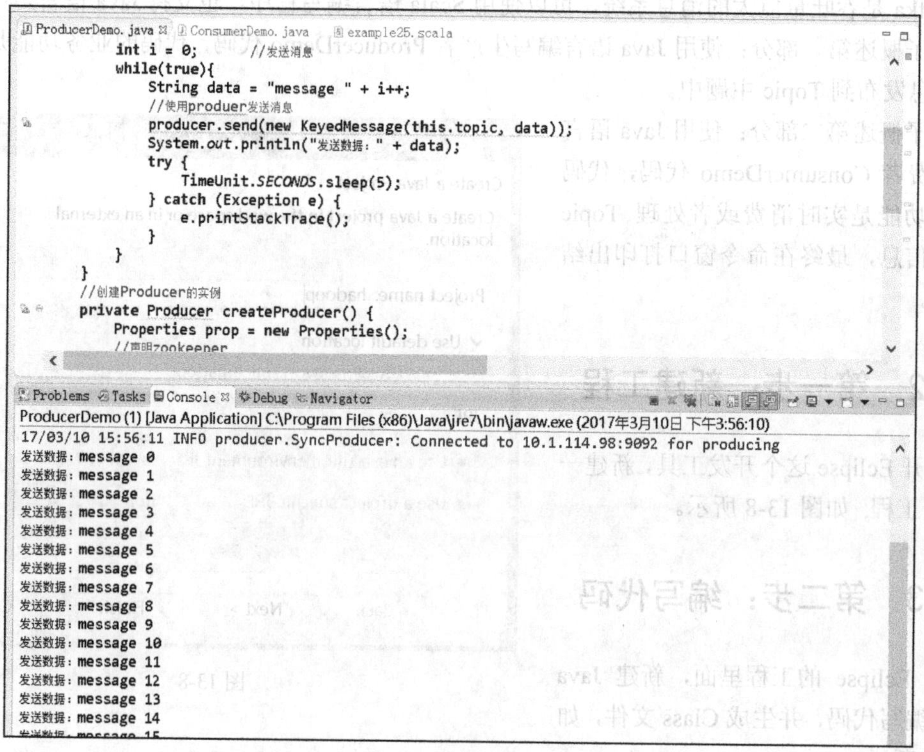

图 13-10

运行结果：生产端每隔 5 秒会实时发送信息，并在命令窗口打印数据。
注意：在运行时此窗口不要关闭。

13.4.5　最后一步：运行接收数据程序

再开个运行代码的窗口，右击 ConsumerDemo 运行，如图 13-11 所示。

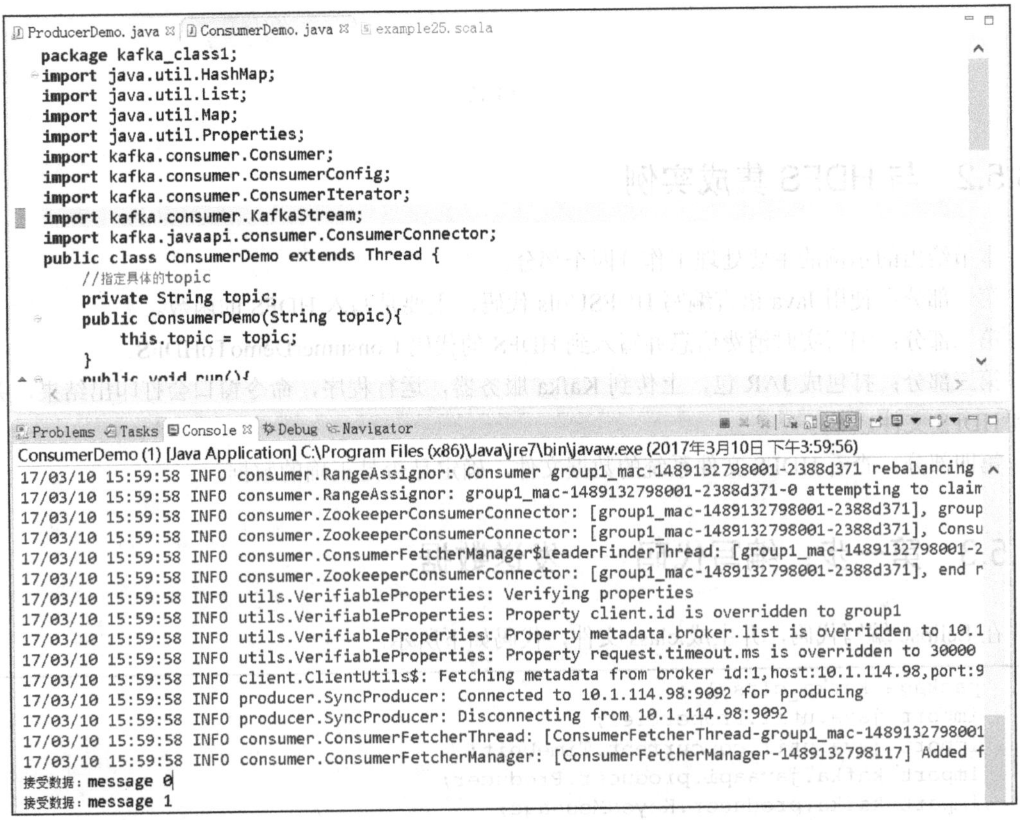

图 13-11

运行结果：消费端每隔 5 秒实时接收到对方发送的信息。

13.5　Kafka 与 HDFS 的集成

13.5.1　与 HDFS 集成介绍

对于一个实时订阅的系统来说，可以通过 Kafka 将实时处理和监控的数据加载到 Hadoop 的 HDFS、NoSQL 数据库或者数据仓库中。Kafka 提供的 Hadoop Producer 和 Consumer 用于集成 Hadoop，功能流程图如图 13-12 所示。

图 13-12

13.5.2 与 HDFS 集成实例

本节给出的示例的主要处理工作分四个部分。

第一部分：使用 Java 语言编写 HDFSUtils 代码，主要是写入 HDFS 的函数。
第二部分：编写实时消费信息并写入到 HDFS 的代码 ConsumerDemoToHDFS。
第三部分：打包成 JAR 包，上传到 Kafka 服务器，运行程序，命令窗口会打印出结果，并写入到 HDFS 文件。
第四部分：查看 HDFS 文件系统的数据文件，确定是否是正确的数据。

13.5.3 第一步：编写代码——发送数据

在 Eclipse 编写代码，并生成 .class 文件，代码如下所示。

```java
package kafka_class1 ;
import java.util.Properties;
import java.util.concurrent.TimeUnit;
import kafka.javaapi.producer.Producer;
import kafka.producer.KeyedMessage;
import kafka.producer.ProducerConfig;
import kafka.serializer.StringEncoder;
public class ProducerDemoToHDFS extends Thread {
  //指定具体的topic
  private String topic;
  public ProducerDemoToHDFS(String topic){
     this.topic = topic;
  }
  public void run(){   //每隔2秒发送一条消息
     //创建一个producer的对象
     Producer producer = createProducer();
     int i = 0;        //发送消息
     while(true){
        String data = "message " + i++;
        //使用producer发送消息
        producer.send(new KeyedMessage(this.topic, data));
        System.out.println("发送数据：" + data);
        try {
```

```
                TimeUnit.SECONDS.sleep(2);
            } catch (Exception e) {
                e.printStackTrace();
            }
        }
    }
    //创建 Producer 的实例
    private Producer createProducer() {
        Properties prop = new Properties();
        //声明 zookeeper
        prop.put("zookeeper.connect", "192.168.6.153:2181");   //修改 IP 地址
        prop.put("serializer.class",StringEncoder.class.getName());
        //声明 Broker 的地址
        prop.put("metadata.broker.list","192.168.6.153:9092");//修改 IP 地址
        return new Producer(new ProducerConfig(prop));
    }
    public static void main(String[] args) {
        //启动线程发送消息
        //new ProducerDemo("mydemo_client").start();
        new ProducerDemoToHDFS("mydemo_hdfs").start();
    }
}
```

13.5.4 第二步：编写代码——接收数据

在 Eclipse 中编写代码，并生成 class 文件，如图 13-13 所示。

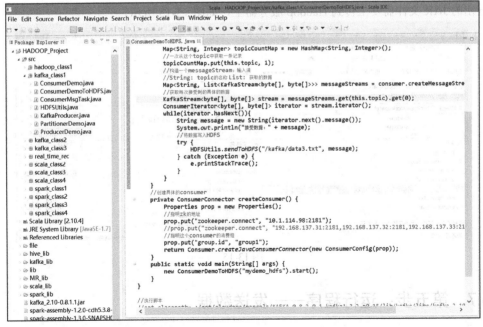

图 13-13

13.5.5 第三步：导出文件

把对应的代码导出成 JAR 的格式，如图 13-14 所示。

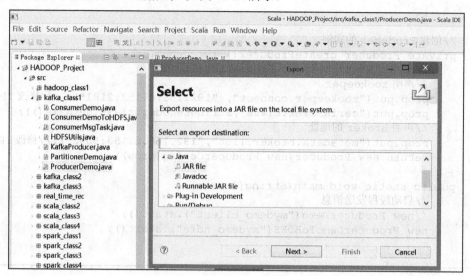

图 13-14

13.5.6 第四步：上传文件

导出的 JAR 文件需要上传到 Hadoop 服务器上，如图 13-15 所示。

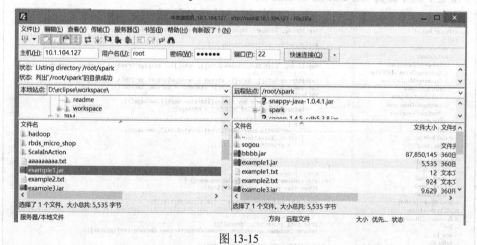

图 13-15

13.5.7 第五步：运行程序——发送数据

SSH 到 Kafka 服务器，执行对应的脚本：

```
#执行的命令
$hadoop jar /root/kafka/ConsumerDemoToHDFS.jar
```

```
kafka_class1.ProducerDemoToHDFS
```

运行窗口如图 13-16 所示。

图 13-16

在窗口中输入 1 2 3 4。（注意：此窗口不要关闭。）

13.5.8 第六步：运行程序——接收数据

SSH 到 Kafka 服务器，执行对应的脚本：

```
#执行的命令
$hadoop jar /root/kafka/ConsumerDemoToHDFS.jar
kafka_class1.ConsumerDemoToHDFS
```

运行窗口如图 13-17 所示。

图 13-17

13.5.9 最后一步：查看执行结果

打开一个命令窗口，执行下面的脚本：

```
#执行的脚本
$hadoop fs -ls /kafka
$hadoop fs -cat /kafka/data.txt
```

运行窗口如图 13-18 所示。

```
[root@hadoop /]# hadoop fs -ls /kafka
Found 3 items
-rw-r--r--   3 ma supergroup          0 2017-02-23 14:53 /kafka/data.txt
```

图 13-18

第 14 章

大数据 ETL 工具 Kettle

Kettle 是一个 Java 编写的 ETL 工具，主要作者是 Matt Casters，2003 年就开始了这个项目，最新稳定版为 7.1。2005 年 12 月，Kettle 从 2.1 版本开始进入了开源领域，一直到 4.1 版本遵守 LGPL 协议，从 4.2 版本开始遵守 Apache Licence 2.0 协议。Kettle 在 2006 年初加入了开源的 BI 公司 Pentaho，正式命名为 Pentaho Data Integeration，简称"PDI"。自 2017 年 9 月 20 日起，Pentaho 被合并于日立集团下的新公司 Hitachi Vantara。Kettle 可以简化数据仓库的创建、更新和维护，使用 Kettle 可以构建一套开源的 ETL 解决方案。

14.1 ETL 原理

14.1.1 ETL 简介

ETL（Extract-Transform-Load）是数据抽取、转换、装载的过程。信息是现代企业的重要资源，是企业运用科学管理、决策分析的基础。目前，大多数企业花费大量的资金和时间来构建联机事务处理 OLTP 的业务系统和办公自动化系统，用来记录事务处理的各种相关数据。据统计，数据量每 2~3 年就会成倍增长，这些数据蕴含着巨大的商业价值，而企业所关注的数据通常只占总数据量的 2%~4%。因此，企业仍然没有最大化地利用已存在的数据资源，导致浪费了更多的时间和资金，也失去了制定关键商业决策的最佳契机。企业如何通过各种技术手段把数据转换为信息、知识已经成为提高其核心竞争力的主要瓶颈。ETL 技术就是其中一种主要的技术手段。

ETL 作为 BI/DW（Business Intelligence）的核心和灵魂，能够按照统一的规则集成并提高数据的价值，是负责完成数据从数据源向目标数据仓库转化的过程，是实施数据仓库的重要步骤。如果说数据仓库的模型设计是一座大厦的设计蓝图、数据是砖瓦，那么 ETL 就是建设大厦的过程。

14.1.2 ETL 在数据仓库中的作用

ETL 用于建立数据仓库，但不仅限于这一领域。换句话说，使用 ETL 工具可以完成从目标数据源进行数据抽取，经过一系列的数据转换，最终形成需要的数据模型并加载到数据仓库中。ETL 在数据仓库中的作用如图 14-1 所示。

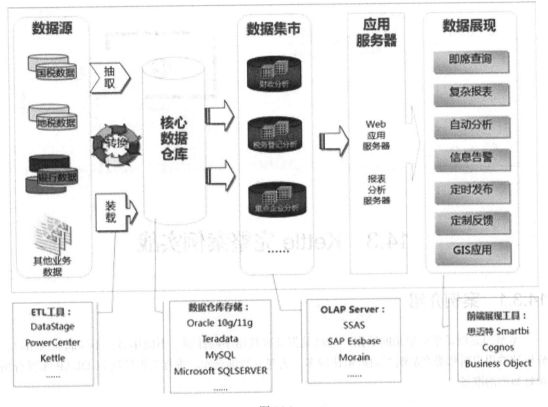

图 14-1

14.2 Kettle 简介

Kettle 是一款采用纯 Java 实现的开源 ETL 工具，属于开源商务智能软件 Pentaho 的一个重要组成部分。Kettle 提供了一系列的组件，用于完成数据抽取、转换、加载的工作。正如 Kettle 一词的中文意思"水壶"一样，使用 Kettle 处理数据就像从水壶中倒水一样，先把各种数据放到一个壶里，再以一种指定的格式流出。Kettle 界面如图 14-2 所示。

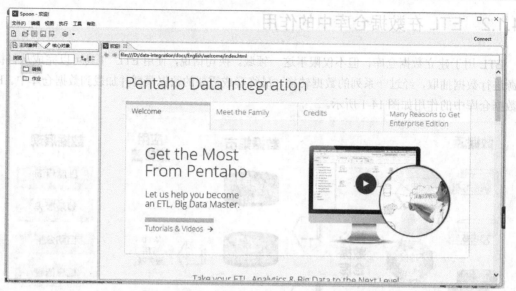

图 14-2

14.3 Kettle 完整案例实战

14.3.1 案例介绍

本节的案例是采集原始的数据，通过数据处理找出不同性别、不同年龄、不同职业的用户，分析这些用户对哪类产品购买的数量比较多，为建立数据仓库、进行数据挖掘和 OLAP 多维分析做好数据的准备。

14.3.2 最终效果

采集客户、订单、产品 3 个表中的原始数据，结果数据关联和处理，生成对应的数据文件，将数据文件 ETL 到最终的结果表中，并且可以用作业 job 的方式来调度整个流程。

要求达到成果：

（1）产生对应的 Kettle 文件。
（2）Kettle 流程可以正确执行，不报错。
（3）生成对应的数据文件，并能保证格式无误，对应表中有数据并且格式无误。
（4）通过数据清洗抓取有用数据，作为以后分析的数据基础。

14.3.3 表说明

数据库中存在 4 张表，说明如下：

- user 表存放客户信息。
- product 表存放产品信息。
- order 表存放订单信息。一个客户对应多个订单,一个产品对应多个订单。
- order_all 表存放结果数据,需要从相关的表中获取到字段中的信息,获取不到的信息可以通过相关处理或添加默认值的方式写入。

14.3.4 第一步:准备数据库数据

准备数据库数据,新建 4 个表,如图 14-3 所示。

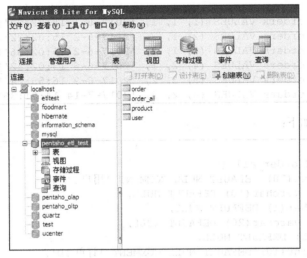

图 14-3

user 表脚本如下:

```
#创建表
CREATE TABLE user (
  `userid` int(10) DEFAULT NULL COMMENT '用户ID',
  `username` varchar(10) DEFAULT NULL COMMENT '用户姓名',
  `sex` varchar(1) DEFAULT NULL COMMENT '性别',
  `position` varchar(20) DEFAULT NULL COMMENT '职业',
  `age` int(3) DEFAULT NULL COMMENT '年龄'
) ENGINE=InnoDB DEFAULT CHARSET=utf8;
#插入数据
INSERT INTO user VALUES (1, '陈XX', '女', '学生', 20);
INSERT INTO user VALUES (2, '王XX', '男', '工程师', 30);
INSERT INTO user VALUES (3, '李XX', '女', '医生', 40);
```

product 表脚本如下:

```
#创建表
CREATE TABLE product (
  `productid` int(10) DEFAULT NULL COMMENT '产品ID',
  `productname` varchar(20) DEFAULT NULL COMMENT '产品名称'
) ENGINE=InnoDB DEFAULT CHARSET=utf8;
#插入数据
```

```
INSERT INTO product VALUES (1, '手机');
INSERT INTO product VALUES (2, '电脑');
INSERT INTO product VALUES (3, '水杯');
```

orders 表脚本如下：

```
#创建表
CREATE TABLE orders (
  `orderid` int(10) DEFAULT NULL COMMENT '订单ID',
  `userid` int(10) DEFAULT NULL COMMENT '用户ID',
  `productid` int(10) DEFAULT NULL COMMENT '产品ID',
  `buytime` datetime DEFAULT NULL COMMENT '购买时间'
) ENGINE=InnoDB DEFAULT CHARSET=utf8;
#插入数据
INSERT INTO orders VALUES (1, 1, 1, '2017-6-1 15:02:02');
INSERT INTO orders VALUES (2, 1, 2, '2017-6-2 15:02:22');
INSERT INTO orders VALUES (3, 1, 3, '2017-6-2 15:02:36');
INSERT INTO orders VALUES (4, 2, 1, '2017-6-6 15:02:52');
INSERT INTO orders VALUES (5, 3, 2, '2017-6-9 16:55:24');
INSERT INTO orders VALUES (6, 2, 2, '2017-7-14 14:01:36');
```

order_all 表脚本如下：

```
#创建表
CREATE TABLE order_all (
  `userid` int(10) DEFAULT NULL COMMENT '用户ID',
  `username` varchar(10) DEFAULT NULL,
  `sex` varchar(1) DEFAULT NULL,
  `position` varchar(20) DEFAULT NULL,
  `age` int(3) DEFAULT NULL,
  `orderid` int(10) DEFAULT NULL COMMENT '订单ID',
  `productid` int(10) DEFAULT NULL COMMENT '产品ID',
  `buytime` datetime DEFAULT NULL COMMENT '购买时间',
  `productname` varchar(20) DEFAULT NULL
) ENGINE=InnoDB DEFAULT CHARSET=utf8;
```

14.3.5 第二步：新建转换

打开 Kettle 工作平台，新建一个转换，取名为 order.ktr，如图 14-4 所示。

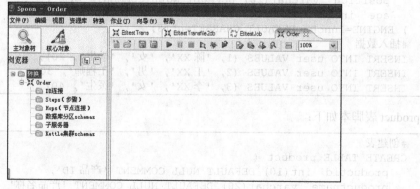

图 14-4

14.3.6 第三步：新建数据库连接

双击 DB 连接，选择 MySQL 数据库，输入主机名、数据库名、端口、用户、密码，再点击数据库测试，建立 MySQL 连接并测试成功，如图 14-5 所示。

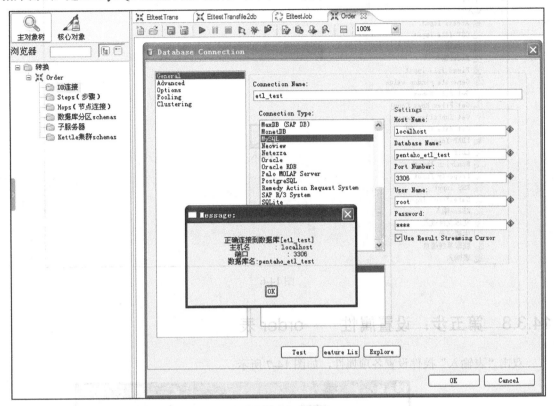

图 14-5

14.3.7 第四步：拖动表输入组件

切换到核心对象，在"输入"文件夹下面拖动 1 个"表输入"到设计区域，如图 14-6 所示。

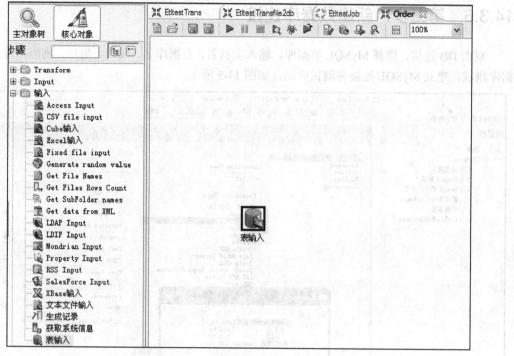

图 14-6

14.3.8 第五步：设置属性——order 表

双击"表输入"控件设置各项属性，如图 14-7 所示。

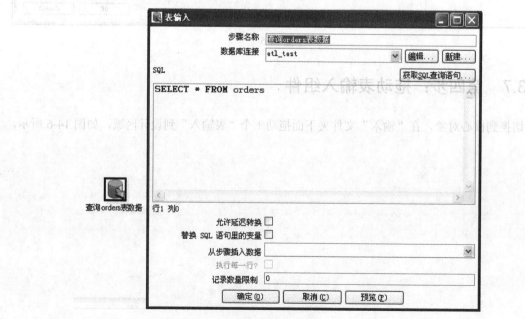

图 14-7

14.3.9 第六步：设置属性——user 表

再拖曳一个"表输入"到设计区域并设置各项属性，如图 14-8 所示。

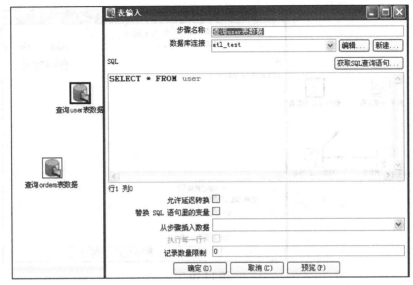

图 14-8

14.3.10 第七步：拖动流查询并设置属性——流查询

先拖曳一个"流查询"到设计区域，再设置流查询的各项属性，并连接两个表输入，如图 14-9 所示。

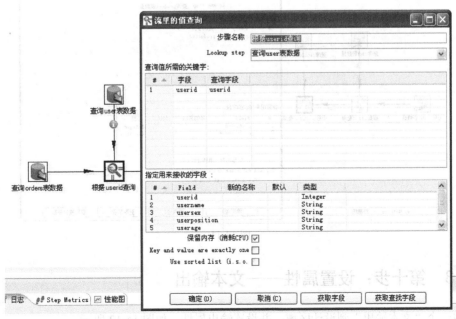

图 14-9

14.3.11 第八步：设置属性——product 表

再拖曳一个"表输入"到设计区域，并设置各项属性，如图 14-10 所示。

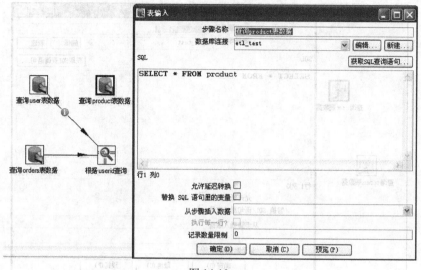

图 14-10

14.3.12 第九步：连接组件

连接两个表输入，如图 14-11 所示。

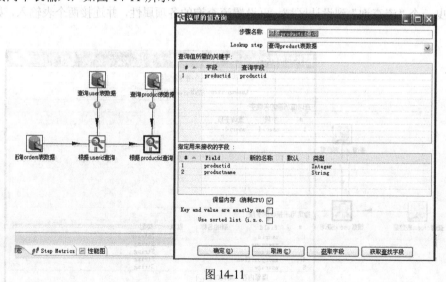

图 14-11

14.3.13 第十步：设置属性——文本输出

拖曳一个"文本输出"到设计区域，并设置输出属性，如图 14-12 所示。

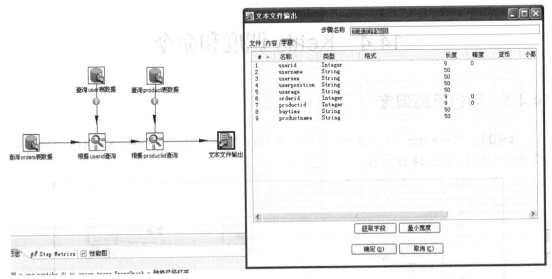

图 14-12

14.3.14 最后一步：运行程序并查看结果

保存模型后，点击运行 ktr ▶ 按钮。如果出现如图 14-13 所示的界面，就代表模型运行成功了。

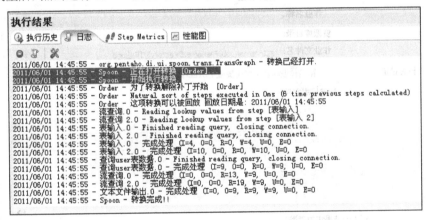

图 14-13

如果\Kettle 根目录下面有 order_all.txt 数据文件，就代表已经把原始数据经过 ETL 过程后的数据存在 txt 文件里面，ktr 也就顺利完成了，如图 14-14 所示。

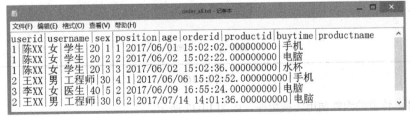

图 14-14

14.4 Kettle 调度和命令

14.4.1 通过页面调度

步骤01 打开 Kettle 工具，选择"文件"→"新建"→"作业"，拖曳"START""调用作业"到设计区域，如图 14-15 所示。

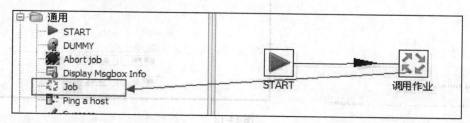

图 14-15

步骤02 设置作业 Job 的属性，如图 14-16 所示。

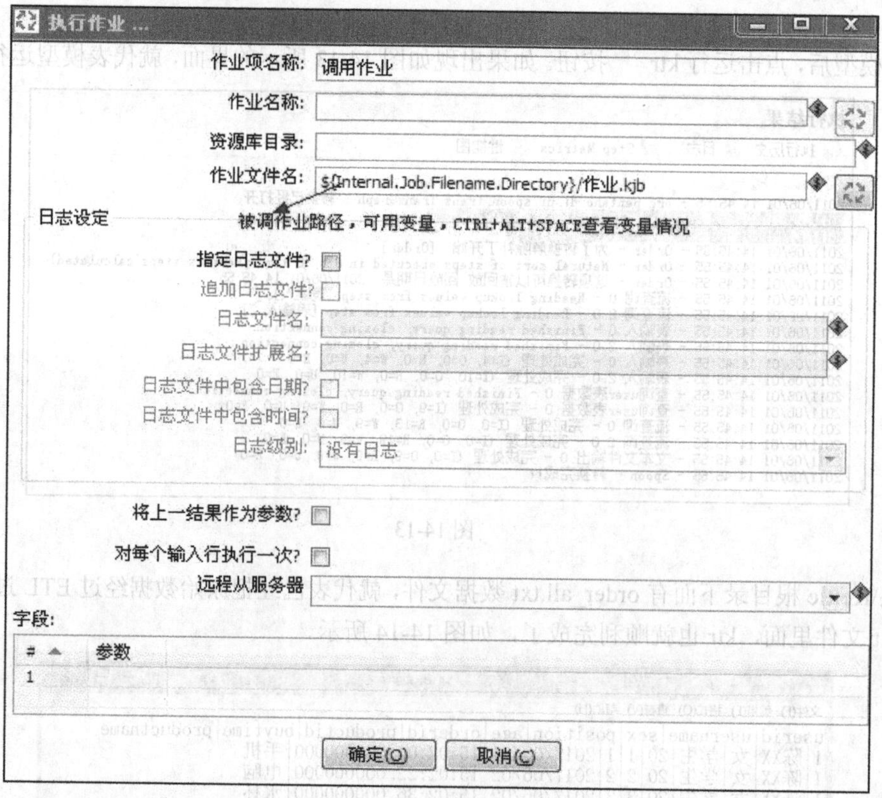

图 14-16

步骤03 作业的组件调用转换组件，如图 14-17 所示。

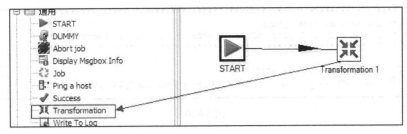

图 14-17

步骤04 设置转换的属性，如图 14-18 所示。

图 14-18

14.4.2 通过脚本调度

Kettle 程序启动分两种：一种是作业，另一种是转换。

在 Linux 系统下，作业调用启动脚本是"kitchen.sh"，转换调用启动脚本是"pan.sh"，kitchen.sh（span.sh）配置说明如图 14-19 所示，内存值设置如图 14-20 所示。

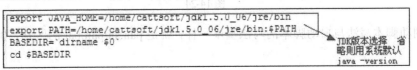

图 14-19

```
# ****************************************
# ** Set java runtime options            **
# ** Change 128m to higher values in case you run out of memory. **
# ****************************************

if [ -z "$JAVAMAXMEM" ]; then
    JAVAMAXMEM="512"          ──→ 内存值设置：建议大于1024，否则容易内存溢出
fi
```

图 14-20

Windows 系统下，作业调用启动脚本是"kitchen.bat"，转换调用启动脚本是"pan.bat"，kitchen.bat(span.bat) 配置说明如图 14-21 所示，内存值设置如图 14-22 所示。

```
REM ****************************************
REM ** Make sure we use the correct J2SE version! **
REM ** Uncomment the PATH line in case of trouble **
REM ****************************************
set PATH=.\jre\bin;;%PATH%    ──→ JDK版本选择，默认使用系统值
                                   java -version
```

图 14-21

```
REM ****************************************
REM ** Set java runtime options            **
REM ** Change 512m to higher values in case you run out of memory. **
REM ****************************************
                         ──→ 内存值设置
set OPT=-Xmx512m -cp %CLASSPATH% -Djava.library.path=libswt\win32\ -DKETTLE_HOME="%K
```

图 14-22

在 Linux 系统下的作业启动脚本写法如图 14-23 所示。

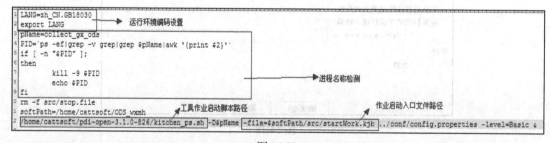

图 14-23

在 Windows 系统下的作业启动脚本写法如图 14-24 所示。

```
1 title ODS-数据比对接口-无线宽带原始数据提供 ──→ 窗口标题名称
2 cd E:\software\pdi-open-3.1.0-826  ──→ KETTLE工具路径
3 kitchen /file E:\cattsoft\接口测试程序环境\AAA无线宽带\AAA_NE_AAA_job.kjb /level Basic /logfile E:\cattsoft\接口测试程序环境\AAA无线宽带\log\log.log
4 pause              ↓作业入口路径                         ↓日志输出等级            ↓日志输出路径
```

图 14-24

转换调动脚本写法与启动脚本的写法基本一样，就是 pan.sh/pan.bat 的区别，如图 14-25 所示。

```
title 亚保场馆实时指标核查
set softPath=%cd%              ← 当前目录路径
cd E:\software\pdi-open-3.1.0-826
                                    ← 转换文件路径
pan /file %softPath%\src\check_WIFI.ktr /level Basic /logfile %softPath%\log.log
```

图 14-25

14.5 Kettle 使用原则

在实际操作过程中，Kettle 使用原则如下：
- 可以使用 SQL 来做的一些操作尽量用 SQL，group、merge、stream lookup、split field 操作都是比较慢的，要想办法避免。
- 尽量避免使用 update、delete 操作，尤其是 update，可以把 update 转换为先 delete 再 insert。
- 尽量不要用 Kettle 的 calculate 计算步骤，能用数据库本身的 SQL 就用 SQL，不能用 SQL 就尽量想办法用 procedure 存储过程，实在不行才是 calculate。
- 能使用 truncate table 的时候就不要使用 delete all row 这种类似 SQL。
- 尽量提高批处理的 commit size。
- 如果删除操作是基于某一个分区的，就不要使用 delete row 这种方式，直接 truncate 分区（ALTER TABLE tablename TRUNCATE PARTITION PART_1）。

第15章

大规模数据处理计算引擎 Spark

Spark 是加州大学伯克利分校 AMP 实验室（Algorithms Machines and People Lab）开发的通用内存并行计算框架。Spark 在 2013 年 6 月进入 Apache 成为孵化项目，8 个月后成为 Apache 顶级项目，速度之快足见其过人之处，Spark 以其先进的设计理念，迅速成为社区的热门项目，围绕着 Spark 推出了 Spark SQL、Spark Streaming、MLlib 和 GraphX 等组件，这些组件逐渐形成大数据处理一站式解决平台。从各方面报道来看 Spark 是希望替代 Hadoop 在大数据中的地位，成为大数据处理的主流标准。

Spark 使用 Scala 语言进行实现，Scala 是一种面向对象、函数式编程语言。Scala 的语法非常简洁，同样的功能，如果使用 Java 实现，可能需要 100 行，而使用 Scala 可能就只要 10 行，代码高度简洁。它具有运行速度快、易用性好、通用性强和随处运行等特点。

15.1 Spark 简介

15.1.1 使用背景

Hadoop 常用于解决高吞吐、批量处理的业务场景，例如离线计算结果用于浏览量统计。如果需要实时查看浏览量统计信息，Hadoop 的 MapReduce 的框架显然无法处理实时计算。而 Spark 通过内存计算能力极大地提高了大数据处理速度，满足了实时场景的需要。此外，Spark 还支持 SQL 查询、流计算、图计算、机器学习等。通过对 Java、Python、Scala、R 等语言的支持，极大地方便了用户的使用。

15.1.2 Spark 特点

Spark 看到 MapReduce 框架存在的问题，对 MapReduce 做了大量优化，总结如下：

- 快速处理能力：随着实时大数据应用越来越多，Hadoop 作为离线的高吞吐、低响应框架已不能满足这类需求。Hadoop 的 MapReduce 计算框架的 Job 将中间输出和结果存储在 HDFS 中，读写 HDFS 造成磁盘 IO 成为瓶颈。Spark 允许将中间输出和结果存储在内存中，节省了大量的磁盘 IO。同时 Spark 自身的 DAG 执行引擎也支持数据在内存中的计算，Spark 官网声称其性能比 Hadoop 快上百倍，即便是内存不足需要磁盘 IO，其速度也是 Hadoop 的 10 倍以上。
- 易于使用：Spark 现在支持 Java、Scala、Python 和 R 等语言编写应用程序，大大降低了使用者的门槛。自带了 80 多个高等级操作符，允许在 Scala、Python、R 的 shell 中进行交互式查询。
- 支持查询：Spark 支持 SQL 及 Hive SQL 对数据查询。
- 支持流式计算。与 MapReduce 只能处理离线数据相比，Spark 还支持实时的流计算。Spark 依赖 Spark Streaming 对数据进行实时的处理，其流式处理能力还要强于 Storm。
- 可用性高：Spark 自身实现了 Standalone 部署模式，此模式下没有单点故障问题。这是借助 ZooKeeper 实现的，思想类似于 HBase Master 单点故障解决方案。此模式完全可以使用其他集群管理器替换，比如 Spark on YARN。
- 丰富的数据源支持：Spark 除了可以访问操作系统自身的文件系统和 HDFS，还可以访问 Cassandra、HBase、Hive 以及任何 Hadoop 的数据源。这极大地方便了已经使用 HDFS、HBase 的用户顺利迁移到 Spark。

15.2 Spark 架构设计

15.2.1 Spark 整体架构

Spark 整体的架构图如图 15-1 所示。

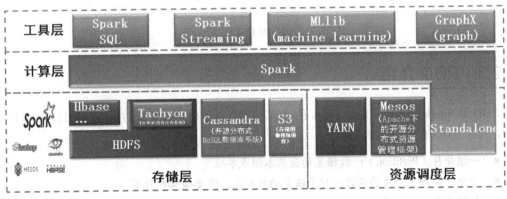

图 15-1

- Spark 提供了多种高级工具，Spark SQL 应用于即席查询（Ad-hoc query），Spark Streaming 应用于流式计算，MLlib 应用于机器学习，GraphX 应用于图处理。
- Spark 可以基于自带的 Standalone 集群管理器独立运行，也可以部署在 Apache Mesos 和 Hadoop YARN 等集群管理器上运行。
- Spark 可以访问存储在 HDFS、HBase、Cassandra、Amazon S3、本地文件系统等上面的数据，Spark 支持文本文件、序列文件以及任何 Hadoop 的 InputFormat。

15.2.2 关键运算组件

Spark 的核心组件包括 RDD（弹性分布式数据集）、Scheduler（调度）、Storage（存储）、Shuffle（重组）四部分：

- RDD 是 Spark 最核心最精髓的部分，Spark 将所有数据都抽象成 RDD。
- Scheduler 是 Spark 的调度机制，分为 DAGScheduler 和 TaskScheduler。
- Storage 模块主要管理缓存后的 RDD、shuffle 中间结果数据和 broadcast 广播数据。
- Shuffle 分为 Hash 方式和 Sort 方式，两种方式的 Shuffle 中间数据都写入本地磁盘。

Spark 流程图如图 15-2 所示。

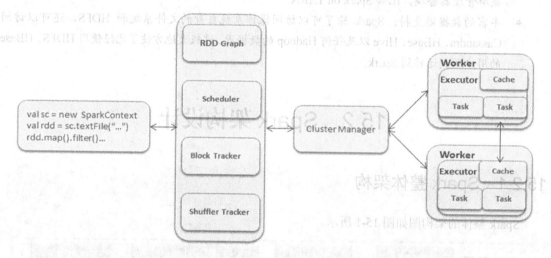

图 15-2

15.2.3 RDD 介绍

RDD 是 Spark 的基石，也是 Spark 的灵魂。RDD 是容错的分布式数据集，是只读的分区记录集合，每个 RDD 有 5 个主要的属性：

- 一组分片（Partition）：数据集的最基本组成单位。
- 一个计算每个分片的函数：对于给定的数据集，需要做哪些计算。
- 依赖（Dependencies）：RDD 的依赖关系，描述了 RDD 之间的血缘关系。

- 优先位置（Preferred Locations）：HDFS 的 block 的所在位置应该是优先计算的位置。
- 区分（Partitioner）：key-value 型的 RDD 是根据哈希来分区，控制 key 分到哪个 Reduce。

```
#RDD 代码
rdd1= sparkContext.textFile("hdfs://…")
```

上面代码中 rdd1 是一个 MappedRDD，该 RDD 是从外部文件创建的，可以传入分片个数参数，否则默认采用 defaultMinPartitions。

```
#RDD 代码
rdd2= rdd1.filter(_.startsWith( "ERROR"))
```

rdd2 是一个 FilteredRDD，是从 rdd1 这个 RDD 衍生（即计算）得到的。rdd1 是 rdd2 的父节点，即 rdd2 依赖 rdd1。filter 是 RDD 的操作，即每个分片需要计算的函数。

15.2.4 RDD 操作

作用于 RDD 上的 Operation 操作分为转换（Transformantion）和动作（Action）。Spark 中的所有"转换"都是惰性的，在执行"转换"操作，并不会提交 Job，只有在执行"动作"操作，所有 Operation 操作才会被提交到 cluster 集群中真正地被执行，这样可以大大提升系统的性能。

RDD 拥有的操作比 MR 丰富得多，不仅仅包括 Map、Reduce 操作，还包括 filter、sort、join、save、count 等操作，所以 Spark 比 MR 更容易更方便完成更复杂的任务。详细的"转换"内容如表 15-1 所示。

表 15-1 Transformation 具体内容

函数	说明
map(func)	返回一个新的分布式数据集，由每个原元素经过 func 函数转换后组成
filter(func)	返回一个新的数据集，由经过 func 函数后返回值为 true 的原元素组成
flatMap(func)	类似于 map，但是每一个输入元素，会被映射为 0 到多个输出元素（因此，func 函数的返回值是一个 Seq，而不是单一元素）
flatMap(func)	类似于 map，但是每一个输入元素，会被映射为 0 到多个输出元素（因此，func 函数的返回值是一个 Seq，而不是单一元素）
sample(withReplacement, frac, seed)	根据给定的随机种子 seed，随机抽样出数量为 frac 的数据
union(otherDataset)	返回一个新的数据集，由原数据集和参数联合而成
groupByKey([numTasks])	在一个由 (K,V) 对组成的数据集上调用，返回一个 (K,Seq[V]) 对的数据集。注意：默认情况下，使用 8 个并行任务进行分组，你可以传入 numTask 可选参数，根据数据量设置不同数目的 Task
reduceByKey(func,[numTasks])	在一个 (K,V) 对的数据集上使用，返回一个 (K,V) 对的数据集，key 相同的值，都被使用指定的 reduce 函数聚合到一起。和 groupbykey 类似，任务的个数是可以通过第二个可选参数来配置的。

(续表)

函数	说明
join(otherDataset, [numTasks])	在类型为 (K,V) 和 (K,W) 类型的数据集上调用，返回一个 (K,(V,W)) 对，每个 key 中的所有元素都在一起的数据集
groupWith(otherDataset, [numTasks])	在类型为 (K,V) 和 (K,W) 类型的数据集上调用，返回一个数据集，组成元素为 (K, Seq[V], Seq[W]) Tuples。这个操作在其他框架，称为 CoGroup
cartesian(otherDataset)	笛卡尔积。但在数据集 T 和 U 上调用时，返回一个(T,U) 对的数据集，所有元素交互进行笛卡尔积。
flatMap(func)	类似于 map，但是每一个输入元素，会被映射为 0 到多个输出元素（因此，func 函数的返回值是一个 Seq，而不是单一元素）

详细的"动作"的内容如表 15-2 所示。

表 15-2　Action 具体内容

函数	说明
reduce(func)	通过函数 func 聚集数据集中的所有元素。func 函数接受 2 个参数，返回一个值。这个函数必须是关联性的，确保可以被正确的并发执行
collect()	在 Driver 的程序中，以数组的形式，返回数据集的所有元素。这通常会在使用 filter 或者其他操作后，返回一个足够小的数据子集再使用，直接将整个 RDD 集 Collect 返回，很可能会让 Driver 程序 OOM
count()	返回数据集的元素个数
take(n)	返回一个数组，由数据集的前 n 个元素组成。注意，这个操作目前并非在多个节点上，并行执行，而是 Driver 程序所在机器，单机计算所有的元素（Gateway 的内存压力会增大，需要谨慎使用）
first()	返回数据集的第一个元素，类似于 take(1)
saveAsTextFile(path)	将数据集的元素，以 textfile 的形式，保存到本地文件系统、HDFS 或者任何其他 Hadoop 支持的文件系统。Spark 将会调用每个元素的 toString 方法，并将它转换为文件中的一行文本
saveAsSequenceFile(path)	将数据集的元素，以 sequencefile 的格式，保存到指定的目录下、本地系统、HDFS 或者任何其他 Hadoop 支持的文件系统。RDD 的元素必须由 key-value 对组成，并都实现了 Hadoop 的 Writable 接口，或隐式可以转换为 Writable（Spark 包括了基本类型的转换，例如 Int、Double、String 等等）
foreach(func)	在数据集的每一个元素上，运行函数 func。这通常用于更新一个累加器变量，或者和外部存储系统做交互

15.2.5　RDD 依赖关系

RDD 只能基于在稳定物理存储中的数据集和其他已有的 RDD 上执行确定性操作来创建。能从其他 RDD 通过确定操作创建新的 RDD 的原因是，RDD 含有从其他 RDD 衍生（即计算）出本 RDD 的相关信息。Dependency 代表了 RDD 之间的依赖关系，即血缘（Lineage），这个依赖关系分为窄依赖和宽依赖。

窄依赖：

- 一个父 RDD 最多被一个子 RDD 用。
- 在一个集群节点上管道式执行。
- 比如 map、filter、union 等。

宽依赖：

- 指子 RDD 的分区依赖于父 RDD 的所有分区，这是因为 shuffle 类操作要求所有父分区可用。
- 比如 groupByKey、reduceByKey、sort、partitionBy 等。

窄依赖和宽依赖的分类如图 15-3 所示。

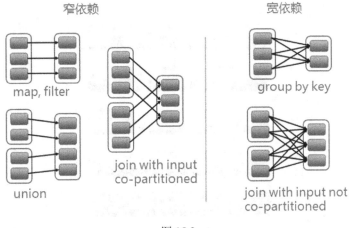

图 15-3

15.2.6 RDD 源码详解

本小节用一个实例来讲解，我们先给出一段常用的示例代码，在代码中会解释常用的 RDD。

```
//读取输入参数对应的路径作为 HDFS 文件
val hdfsFile = sc.textFile(args(0))
//以回车换行符，取出数据
val flatMapRdd = hdfsFile.flatMap(s => s.split("\t"))
//过滤出数据长度为 2 的数据
val filterRdd = flatMapRdd.filter(_.length == 2)
//第一列的数据为分析数据
val mapRdd = filterRdd.map(word => (word, 1))
//对数据进行汇总，统计出个数
val reduce = mapRdd.reduceByKey(_ + _)
```

> **注 意**
>
> 这里涉及很多个 RDD，textFile 是一个 HadoopRDD 经过 map 后的 MappredRDD，经过 flatMap 是一个 FlatMappedRDD，经过 filter 方法之后生成了一个 FilteredRDD，经过 map 函数之后，变成一个 MappedRDD，最后经过 reduceByKey。

15.2.7 Scheduler

Scheduler 模块作为 Spark 最核心的模块之一，充分体现了 Spark 与 MapReduce 的不同之处，体现了 Spark DAG 思想的精巧和设计的优雅。

Scheduler 模块主要分为两大部分，即 DAGScheduler 和 TaskScheduler。整体流程图如图 15-4 所示。

图 15-4

15.2.8 Storage

Storage 存储模块主要分为两层：

- 通信层 storage 模块，采用的是 master-slave 结构来实现通信层，master 和 slave 之间传输控制信息、状态信息，这些都是通过通信层来实现的。
- 存储层 storage 模块，需要把数据存储到 disk 或是 memory 上面，有可能还需 replicate 到远端，这都是由存储层来实现和提供相应接口。

Storage 存储模块提供了统一的操作类 BlockManager，外部类与 Storage 模块打交道都需要通过调用 BlockManager 相应接口来实现。Storage 模块存取的最小单位是数据块（Block），Block 与 RDD 中的 Partition 一一对应，所以所有的转换或动作操作最终都是对 Block 进行操作。如图 15-5 所示，表示数据写入的过程分析。

（1）RDD 的 iterator 调用 CacheManager 的 getOrCompute 函数。
（2）CacheManager 调用 BlockManager 的 put 接口来写入数据。
（3）BlockManager 根据输入的 storageLevel 来确定是写内存还是写硬盘。

（4）通知 BlockManagerMaster 有新的数据写入，在 BlockManagerMaster 中保存元数据。

（5）将写入的数据与其他 slave worker 进行同步。

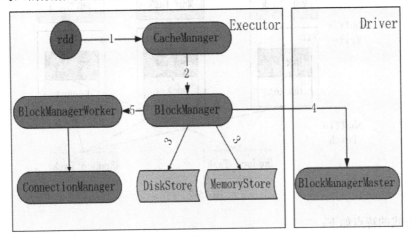

图 15-5

15.2.9 Shuffle

Shuffle 重组中 Map 任务产生的结果，会根据所设置的 partitioner 算法填充到当前执行任务所在机器的每个桶中。Reduce 任务启动时，会根据任务的 ID、所依赖的 Map 任务 ID 以及 MapStatus 从远端或本地的 BlockManager 获取相应的数据作为输入进行处理。Shuffle 数据必须持久化到磁盘，不能缓存在内存。

表示 Hash 的方式如图 15-6 所示。

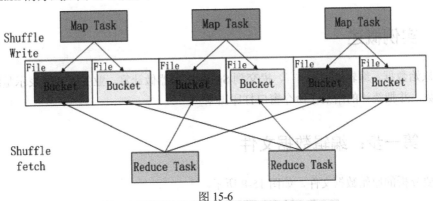

图 15-6

Hash 的方式的特点如下：

- shuffle 不排序，效率高。
- 生成 MXR 个 shuffle 中间文件，一个分片一个文件。
- 产生和生成这些中间文件会产生大量的随机 IO，磁盘效率低。
- shuffle 时需要全部数据都放在内存，对内存消耗大。
- 适合数据量能全部放到内存，Reduce 操作不需要排序的场景。

表示 Sort 的方式如图 15-7 所示。

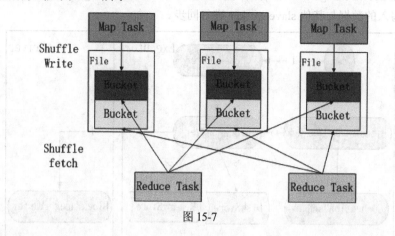

图 15-7

Sort 的方式的特点如下：

- shuffle 需要排序。
- 生成 M 个 shuffle 中间数据文件，一个 Map 所有分片放到一个数据文件中，外加一个索引文件记录每个分片在数据文件中的偏移量。
- shuffle 能够借助磁盘（外部排序）处理庞大的数据集。
- 数据量大于内存时只能使用 Sort 方式，也适用于 Reduce 操作需要排序的场景。

15.3 Spark 编程实例

15.3.1 实例概述

上传原始数据，编辑 Scala 语言，提交到 Spark 服务器做计算。业务的功能表示是统计每个词出现的次数，并把统计的结果在命令窗口打印出来。

15.3.2 第一步：编辑数据文件

编辑要分析的原始数据文件，如图 15-8 所示。

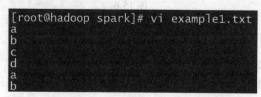

图 15-8

把数据上传到 HDFS 中，如图 15-9 所示。

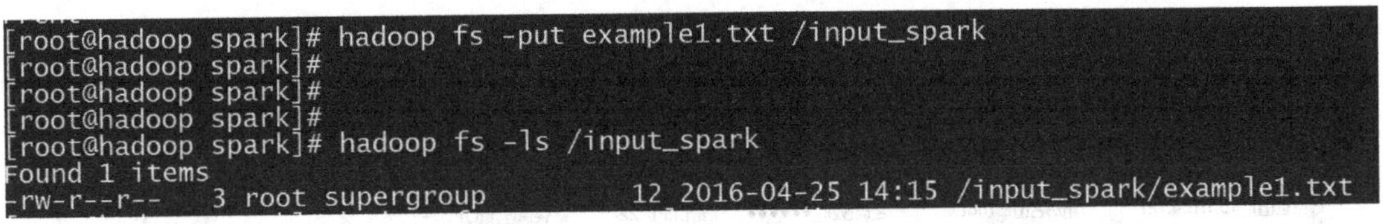

```
[root@hadoop spark]# hadoop fs -put example1.txt /input_spark
[root@hadoop spark]#
[root@hadoop spark]#
[root@hadoop spark]# hadoop fs -ls /input_spark
Found 1 items
-rw-r--r--   3 root supergroup         12 2016-04-25 14:15 /input_spark/example1.txt
```

图 15-9

15.3.3 第二步：编写程序

在 Scala IDE 中编写 Scala 代码，并生成 class 文件，如图 15-10 所示。

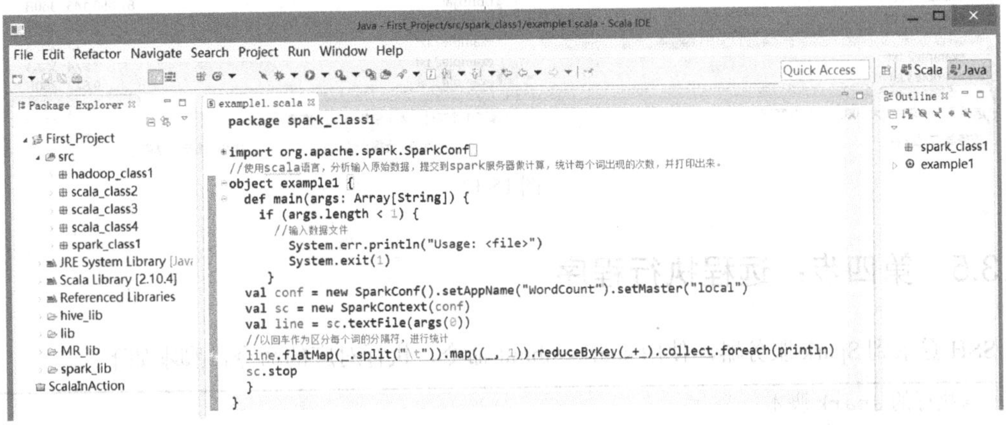

图 15-10

15.3.4 第三步：上传 JAR 文件

把对应的代码导出，导出成 JAR 文件，如图 15-11 所示。

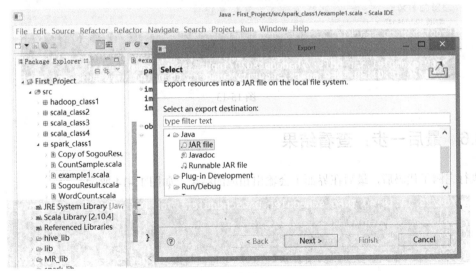

图 15-11

把 JAR 文件上传到服务器上，如图 15-12 所示。

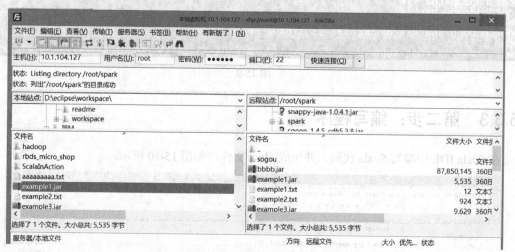

图 15-12

15.3.5　第四步：远程执行程序

SSH 登录到 Spark 服务器，使用 spark-submit 命令，执行对应的命令，脚本如下：

```
#执行的 spark 脚本
    spark-submit --master spark://127.0.0.1:7077 --class
spark_class1.example1 --executor-memory 256M example1.jar
hdfs://127.0.0.1:8020/input_spark/example1.txt
```

操作界面如图 15-13 所示。

图 15-13

15.3.6　最后一步：查看结果

执行完例子代码后，最后在界面上会输出相应的结果，如图 15-14 所示。

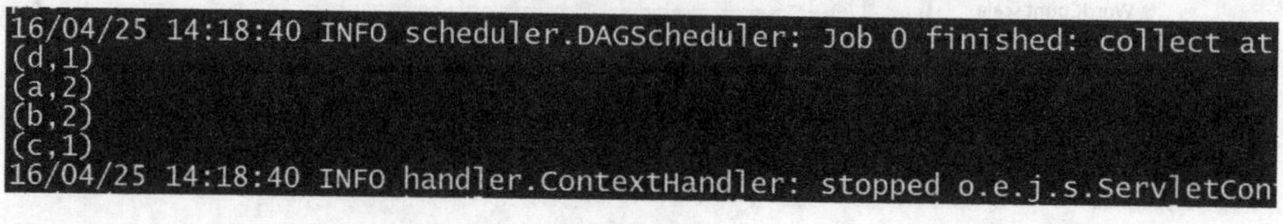

图 15-14

对比一下原始的数据，如图 15-15 所示，可以发现：a 出现 2 次，b 出现 2 次，c 出现 1 次，d 出现 1 次，说明输出的结果是正确的。

```
[root@hadoop spark]# hadoop fs -cat /input_spark/example1.txt
a
b
c
d
a
b
```

图 15-15

15.4　Spark SQL 实战

15.4.1　例子概述

使用 Scala 语言分析输入的 JSON 原始数据，通过 Spark SQL 脚本过滤数据，输出结果，并在窗口打印出来。

15.4.2　第一步：编辑数据文件

编辑数据，上传数据文件到 HDFS，脚本如下：

```
#代码
$vi people.json
$cat people.json
$hadoop fs -put people.json /input_spark
$hadoop fs -cat /input_spark/people.json
```

操作界面如图 15-16 所示。

```
[root@hadoop spark]# vi people.json
[root@hadoop spark]# cat people.json
{"name":"Tom"}
{"name":"Kiven","age":20}
{"name":"Kit","age":30}
{"name":"Carry","age":10}
[root@hadoop spark]# hadoop fs -put people.json /input_spark
[root@hadoop spark]# hadoop fs -cat /input_spark/people.json
{"name":"Tom"}
{"name":"Kiven","age":20}
{"name":"Kit","age":30}
{"name":"Carry","age":10}
```

图 15-16

15.4.3 第二步：编写代码

在 Scala IDE 工具中编写 Spark 代码，并生成 class 文件，如图 15-17 所示。

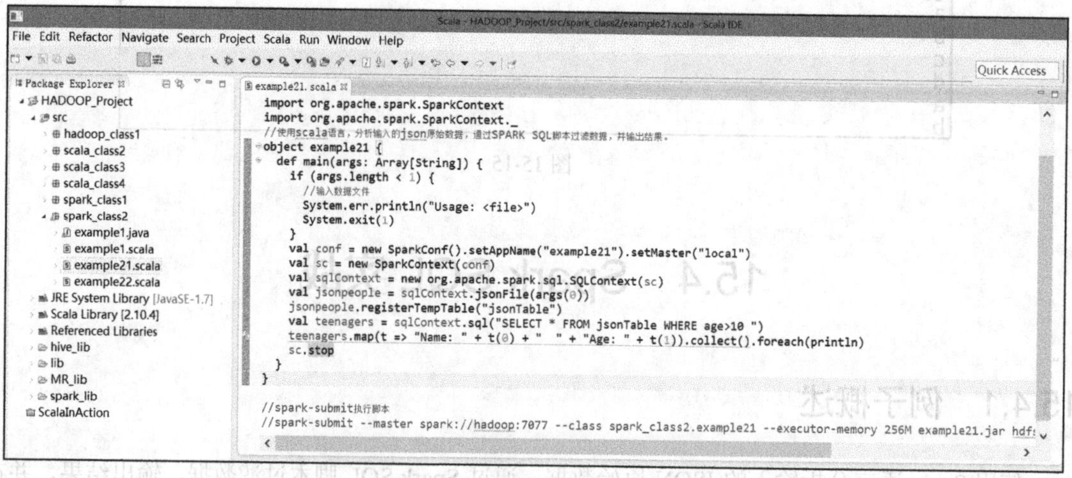

图 15-17

15.4.4 第三步：上传文件到服务器

把对应的代码导出，导出成 JAR 文件，并上传到服务器上，如图 15-18 所示。

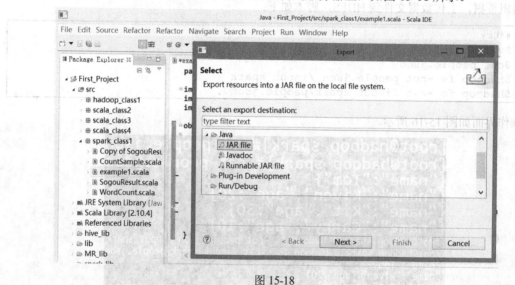

图 15-18

15.4.5 第四步：远程执行程序

SSH 到 Spark 服务器，运用 spark-submit 命令执行对应的脚本，脚本如下：

```
#执行的 spark 脚本
```

```
spark-submit --master spark://127.0.0.1:7077 --class
spark_class1.example21 --executor-memory 256M example21.jar
hdfs://127.0.0.1:8020/input_spark/people.json
```

操作页面如图 15-19 所示。

图 15-19

15.4.6 最后一步：查看结果

执行完例子代码后，最后在页面会输出下面的结果，如图 15-20 所示。

```
Name: 20   Age: Kiven
Name: 30   Age: Kit
```

图 15-20

主要的过滤代码如图 15-21 所示，表示的业务含义是取年龄大于 10 岁的记录。

```
val teenagers = sqlContext.sql("SELECT * FROM jsonTable WHERE age>10 ")
```

图 15-21

和原始数据进行对比，结果如图 15-22 所示。

```
[root@hadoop spark]# hadoop fs -cat /input_spark/people.json
{"name":"Tom"}
{"name":"Kiven","age":20}
{"name":"Kit","age":30}
{"name":"Carry","age":10}
```

图 15-22

说明最终得出的结果是正确的。

15.5　Spark Streaming 实战

15.5.1　例子概述

使用 Spark Streaming 监控某目录中的文件，获取在间隔时间段内变化的数据，然后通过 Spark Streaming 计算出该时间段内单词统计数。

15.5.2　第一步：编写代码

在 Scala IDE 工具中编写 Spark 代码，代码如下：

```
#代码
package spark_class2
import org.apache.spark.SparkConf
import org.apache.spark.streaming.Seconds
import org.apache.spark.streaming.StreamingContext
import org.apache.spark.streaming.StreamingContext._
object FileWordCount {
  def main(args: Array[String]) {
    val sparkConf = new SparkConf().setAppName("FileWordCount").setMaster("local[2]")
    // 创建 Streaming 的上下文，包括 Spark 的配置和时间间隔，这里时间为间隔 10 秒
    val ssc = new StreamingContext(sparkConf, Seconds(10))
    val lines = ssc.textFileStream("hdfs://127.0.0.1:8020/input_spark_streaming/")
    // 对指定文件夹变化的数据进行单词统计并且打印
    val words = lines.map(_.split(','))
    val wordCounts = words.map(x=>(x(0),1)).reduceByKey(_+_)
    println("---------------打印 wordCounts 数据-----------------")
    wordCounts.print()
    println("---------------启动 Streaming-----------------")
    ssc.start()
    ssc.awaitTermination()
  }
}
```

15.5.3　第二步：上传文件到服务器

把对应的代码导出，导出成 JAR 文件，并上传到服务器上，如图 15-23 所示。

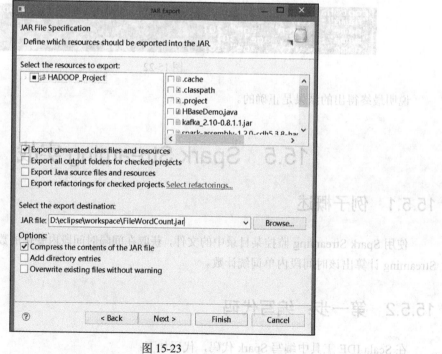

图 15-23

15.5.4　第三步：远程执行程序

SSH 到 Spark 服务器，运用 spark-submit 命令执行对应的脚本，脚本如下：

```
#执行的 spark 脚本
spark-submit --master spark://127.0.0.1:7077 --class
spark_class2.FileWordCount --executor-memory 256m FileWordCount.jar
```

15.5.5　第四步：上传数据

上传本地的数据文件到指定的 HDFS 目录，如图 15-24 所示。

```
[root@hadoop input_spark_streaming]#
[root@hadoop input_spark_streaming]# hadoop fs -put example-2.txt /input_spark_streaming
```

图 15-24

15.5.6　最后一步：查看结果

执行完例子代码后，最后在界面会输出结果，如图 15-25 所示。

```
-------------------------------------------
Time: 1462359220000 ms
-------------------------------------------
(ee,2)
(d,1)
(a,1)
(c,1)

16/05/04 18:53:40 INFO scheduler.JobScheduler: Finished job streaming job 146235922000
ime 1462359220000 ms
16/05/04 18:53:40 INFO scheduler.JobScheduler: Total delay: 0.373 s for time 146235922
8 s)
16/05/04 18:53:40 INFO rdd.ShuffledRDD: Removing RDD 4 from persistence list
16/05/04 18:53:40 INFO storage.BlockManager: Removing RDD 4
16/05/04 18:53:40 INFO rdd.MappedRDD: Removing RDD 3 from persistence list
16/05/04 18:53:40 INFO storage.BlockManager: Removing RDD 3
16/05/04 18:53:40 INFO rdd.MappedRDD: Removing RDD 2 from persistence list
16/05/04 18:53:40 INFO storage.BlockManager: Removing RDD 2
16/05/04 18:53:40 INFO rdd.MappedRDD: Removing RDD 1 from persistence list
16/05/04 18:53:40 INFO storage.BlockManager: Removing RDD 1
16/05/04 18:53:40 INFO dstream.FileInputDStream: Cleared 0 old files that were older t
16/05/04 18:53:40 INFO scheduler.ReceivedBlockTracker: Deleting batches ArrayBuffer()
```

如图 15-25

主要的业务代码如图 15-26 所示，表示的业务含义是对第一列的单词出现的次数进行统计。

```
val wordCounts = words.map(x=>(x(0),1)).reduceByKey(_+_)
```

图 15-26

和原始数据进行对比，结果如图 15-27 所示。

```
[root@hadoop input_spark_streaming]# hadoop fs -cat /input_spark_streaming/example-2.txt
a,2
ee,1
c,4
d,6
ee,4
```

图 15-27

说明最终的分析结果是正确的。

15.6 Spark MLlib 实战

15.6.1 例子步骤

（1）装载数据，数据以文本文件方式进行存放。
（2）将数据集聚类，设置 2 个类和 20 次迭代，进行模型训练以形成数据模型。
（3）打印数据模型的中心点。
（4）使用误差平方之和来评估数据模型。
（5）使用模型测试单点数据。
（6）交叉评估 1，返回结果；交叉评估 2，返回数据集和结果。

15.6.2 第一步：编写代码

在 Scala IDE 工具中编写 Spark 代码，代码如下：

```
#代码
package spark_class3
import org.apache.log4j.{ Level, Logger }
import org.apache.spark.{ SparkConf, SparkContext }
import org.apache.spark.mllib.clustering.KMeans
import org.apache.spark.mllib.linalg.Vectors
object Kmeans {
  def main(args: Array[String]) {
    // 屏蔽不必要的日志显示在终端上
    Logger.getLogger("org.apache.spark").setLevel(Level.WARN)
    Logger.getLogger("org.eclipse.jetty.server").setLevel(Level.OFF)
    // 设置运行环境
    val conf = new SparkConf().setAppName("Kmeans").setMaster("local[1]")
    val sc = new SparkContext(conf)
    // 装载数据集
    val data = sc.textFile("hdfs://127.0.0.1:8020/input_spark/kmeans_data.txt", 1)
    val parsedData = data.map(s => Vectors.dense(s.split("\t").map(_.toDouble)))
    // 将数据集聚类，2 个类，20 次迭代，进行模型训练形成数据模型
    val numClusters = 2
    val numIterations = 20
    val model = KMeans.train(parsedData, numClusters, numIterations)
    // 打印数据模型的中心点
    println("Cluster centers:")
    for (c <- model.clusterCenters) {
      println("  " + c.toString)
    }
    // 使用误差平方之和来评估数据模型
```

```
        val cost = model.computeCost(parsedData)
        println("Within Set Sum of Squared Errors = " + cost)
        // 交叉评估 1，只返回结果
        val testdata = data.map(s =>
Vectors.dense(s.split("\t").map(_.toDouble)))
        val result1 = model.predict(testdata)
        // 交叉评估 2，返回数据集和结果
        val result2 = data.map {
          line =>
            val linevectore = Vectors.dense(line.split("\t").map(_.toDouble))
            val prediction = model.predict(linevectore)
            line + " " + prediction
        }
        sc.stop()
      }
    }
```

15.6.3 第二步：上传文件到服务器

把对应的代码导出，导出成 JAR 文件，并上传到服务器上，如图 15-28 所示。

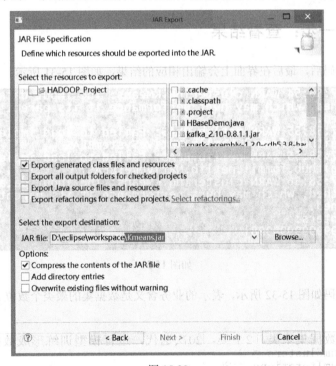

图 15-28

15.6.4 第三步：远程执行程序

SSH 到 Spark 服务器，运用 spark-submit 命令执行对应的脚本，脚本如下：

```
#执行的 spark 脚本
```

```
spark-submit --master spark://127.0.0.1:7077 --class spark_class3.Kmeans
--executor-memory 256m Kmeans.jar
```

操作界面如图 15-29 所示。

图 15-29

15.6.5 第四步：上传数据

上传本地的数据文件到指定的 HDFS 目录，如图 15-30 所示。

```
[root@hadoop spark]# hadoop fs -put kmeans_data.txt /input_spark
```

图 15-30

15.6.6 最后一步：查看结果

执行完例子代码后，最后在界面上会输出相应的结果，如图 15-31 所示。

```
16/05/18 17:58:54 WARN clustering.KMeans: The input data is not di
rectly cached, which may hurt performance if its parent RDDs are a
lso uncached.
16/05/18 17:58:55 WARN netlib.BLAS: Failed to load implementation
from: com.github.fommil.netlib.NativeSystemBLAS
16/05/18 17:58:55 WARN netlib.BLAS: Failed to load implementation
from: com.github.fommil.netlib.NativeRefBLAS
16/05/18 17:58:56 WARN clustering.KMeans: The input data was not d
irectly cached, which may hurt performance if its parent RDDs are
also uncached.
Cluster centers:
 [0.09999999999999998]
 [9.1]
```

如图 15-31

主要的业务代码如图 15-32 所示，表示的业务含义是数据集的聚类个数位 2，进行 20 次迭代，形成计算模型结果。

```
// 将数据集聚类，2个类，20次迭代，进行模型训练形成数据模型
val numClusters = 2
val numIterations = 20
```

图 15-32

和原始数据进行对比，结果如图 15-33 所示。

```
[root@hadoop spark]# hadoop fs -cat /input_spark/kmeans_data.txt
0.0
0.0
0.0
0.1
0.1
```

图 15-33

0.09999999999999998 表示聚类的中间值，说明最终的分析结果是正确的。

第 16 章

大数据全栈式开发语言 Python

Python 语言的创始人为 Guido van Rossum。1989 年圣诞节期间，在阿姆斯特丹，Guido 为了打发圣诞节的无趣，决心开发一个新的脚本解释程序，作为 ABC 语言的一种继承。之所以选中 Python 作为程序的名字，是因为他是一个叫 Monty Python 的喜剧团体的爱好者。ABC 是由 Guido 参加设计的一种教学语言。就 Guido 本人看来，ABC 这种语言非常优美和强大，是专门为非专业程序员设计的。但是 ABC 语言并没有成功，究其原因，Guido 认为是非开放造成的。Guido 决心在 Python 中避免这一错误。同时，他还想实现在 ABC 中闪现过但未曾实现的东西。

就这样，Python 在 Guido 手中诞生了。可以说，Python 是从 ABC 发展起来，主要受到了 Modula-3 的影响，并且结合了 Unix shell 和 C 的习惯。

16.1 Python 简介

Python 是一个高层次的，结合了解释性、编译性、互动性和面向对象的脚本语言。

Python 的设计具有很强的可读性，相比其他语言经常使用英文关键字，其他语言的一些标点符号，它具有比其他语言更有特色语法结构。

Python 是一种解释型语言，这意味着开发过程中没有了编译这个环节，类似于 PHP 和 Perl 语言。是交互式语言，可以在一个 Python 提示符，直接互动执行你的程序。它是面向对象语言，这意味着 Python 支持面向对象的风格或使用代码封装在对象内的编程技术。它也是适合初学者的语言，Python 对初级程序员而言，是一种伟大的语言，它支持广泛的应用程序开发，从简单的文字处理到 WWW 浏览器再到游戏，都能使用它做开发。

Python 的优点如下：

（1）易于学习：Python 有相对较少的关键字，简单的结构，和明确定义的语法，学习起来更加简单。

（2）易于阅读：Python 代码定义的更清晰。

（3）易于维护：Python 的成功在于它的源代码是相当容易维护的。

（4）拥有广泛的标准库：Python 最大的优势之一是拥有丰富的库，支持跨平台，在 UNIX、Windows 和 Macintosh 兼容很好。

（5）互动模式：互动模式的支持，可以从终端输入执行代码并获得结果，可以互动的测试和调试代码片断。

（6）可移植：基于其开放源代码的特性，Python 已经被移植到许多平台上。

（7）可扩展：如果需要一段运行很快的关键代码，或者是想要编写一些不愿开放的算法，可以使用 C 或 C++完成那部分程序，然后从 Python 程序中调用。

（8）数据库：Python 提供所有主要的商业数据库的接口。

（9）GUI 编程：Python 支持 GUI，可以创建和移植到许多系统调用。

（10）可嵌入：可以将 Python 嵌入到 C/C++程序，让程序的用户获得"脚本化"的能力。

16.2　Python 安装和配置

16.2.1　Anaconda 介绍

Anaconda 是将 Python 和许多常用的开源 package 打包直接来使用的 Python 发行版本，支持 Windows、Linux 和 MacOS 系统，并有一个开源包（packages）和虚拟环境（environment）管理系统 conda。

Anaconda 的优点总结起来就两点：省时省心、分析利器。

（1）省时省心：Anaconda 通过管理工具包、开发环境、Python 版本，大大简化了工作流程。不仅可以方便地安装、更新、卸载工具包，而且安装时能自动安装相应的依赖包，同时还能使用不同的虚拟环境隔离不同要求的项目。

（2）分析利器：适用于企业级大数据分析的 Python 工具，其包含了 720 多个数据科学相关的开源包，在数据可视化、机器学习、深度学习等多方面都有涉及。它不仅可以做数据分析，也可以用在大数据和人工智能领域。

16.2.2　Anaconda 下载

可以从官网（https://www.anaconda.com/download/）下载 Anaconda 的安装程序，在该页面选择电脑所对应的系统（Windows、MacOS 或 Linux）以及操作系统位数（64 或 32 位）。至于是 Python 的版本选择 3.6 还是 2.7，这里推荐使用 Python 3.6 版本，因为 Python2 终究会停止维护。以 Windows 64 位系统为例，下载 Python 3.6 版本的选择界面如图 16-1 所示。

图 16-1

16.2.3 Anaconda 安装

（1）依次点击 Next→I agree→Next 进入选择安装目录界面。

（2）在选择安装目录界面，安装路径改为 d:\Anaconda3，如图 16-2 所示。

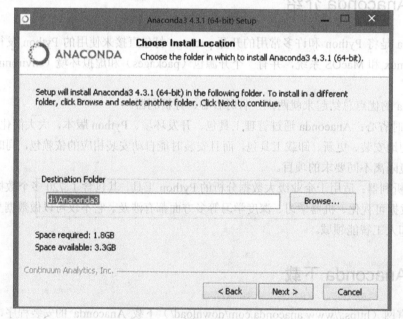

图 16-2

（3）然后点击 Next 进入到 Advanced Options 界面。其中有两个选项框，建议将第一个选项框选上。然后点击 Install，等待安装完成点击 Next→Finish 即可，安装过程可能较长，要 10～15 分钟不等，请耐心等待。

（4）可以在命令行中输入 conda -version 命令检验是否安装成功，成功则会显示对应的版本，可以通过 python -version 命令查看发行版默认的 Python 版本。

16.2.4 Anaconda 包管理

需要安装一个包的时候，可以先查询安装包中是否有该 Python 包，如果没有此包，可以按照下面的相应命令安装。

（1）安装一个 package 的命令：conda install package_name。

这里 package_name 是需要安装包的名称，也可以同时安装多个包，比如同时安装 numpy、scipy 和 pandas，可以执行如下命令：conda install numpy scipy pandas。

（2）可以指定安装的版本，比如安装 1.2 版本 numpy 的脚本：conda install numpy=1.20。

（3）移除一个 package 脚本：conda remove package_name。

（4）升级 package 版本脚本：conda update package_name。

（5）查看所有的 packages 脚本：conda list。

（6）模糊查询某个 packages 脚本：conda search search_term。

16.2.5 PyCharm 下载

PyCharm 是一种 Python IDE，带有一整套在使用 Python 语言开发时提高其效率的工具，比如调试、语法高亮、工程管理、代码跳转、智能提示、自动完成、单元测试、版本控制。

可以从官网 https://www.jetbrains.com/pycharm/download/ 上下载 PyCharm 安装程序，在该页面选择所对应的系统（Windows、MacOS 或 Linux）。由于专业版（Professional）需要激活，并且社区版（Community）已经包含了所需要的基本功能，所以这里选择社区版下载，以 Windows 为例，下载界面如图 16-3 所示。

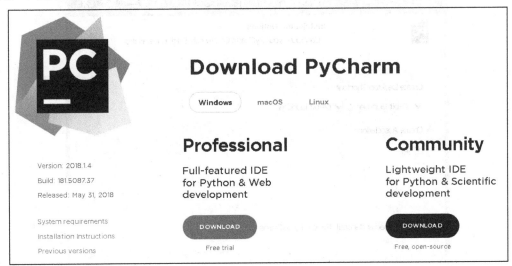

图 16-3

16.2.6 PyCharm 安装

双击下载后的文件进入安装界面。

步骤01 点击 Next 按钮进入安装目录选择界面，选择要安装 PyCharm 的目录。安装路径改为 d:\PyCharm Community Edition，如图 16-4 所示。

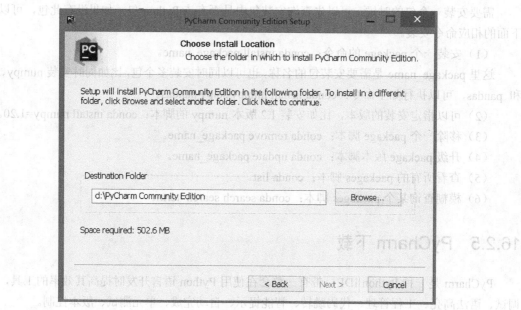

图 16-4

步骤02 点击 Next 按钮进入下一界面，按照电脑操作系统的位数（64 或 32 位），选择 Create Desktop Shortcut，界面如图 16-5 所示。

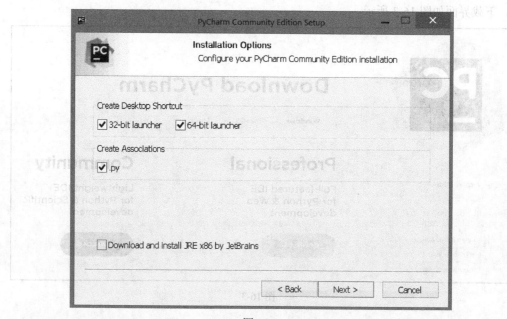

图 16-5

步骤03 依次点击 Next→Install→Finish 完成软件的安装。

16.2.7 PyCharm 使用

步骤01 点击桌面上的 PyCharm 图标，打开如图 16-6 所示的界面，点击 OK 按钮继续。

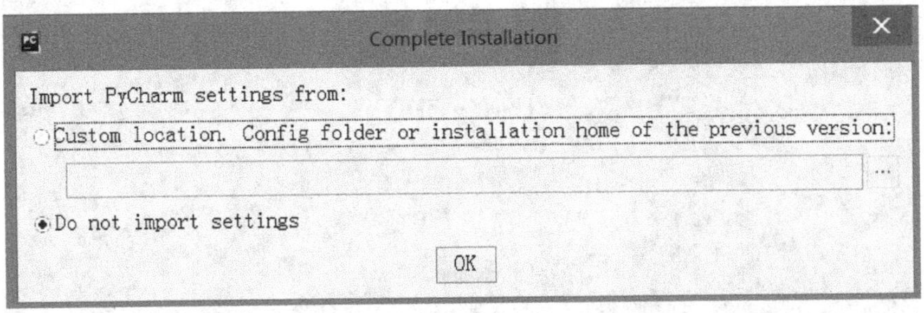

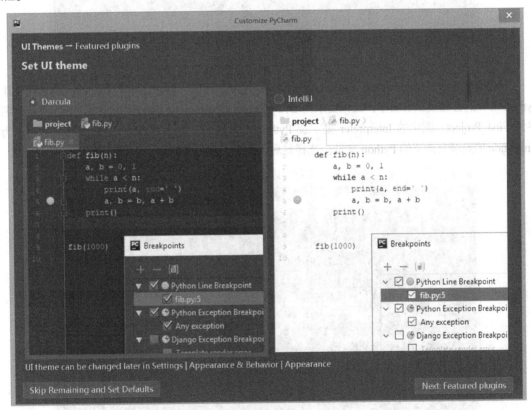

图 16-6

步骤02 进入到选择 UI 的模式，选择 Darcula，如图 16-7 所示，点击 Next:Featured plugins 按钮。

图 16-7

步骤03 依次点击 OK 按钮，进入到如图 16-8 所示的界面。

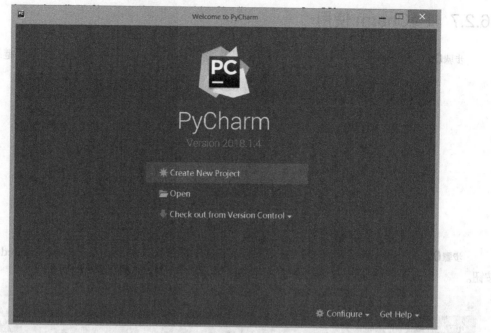

图 16-8

步骤04 点击 Create New Project，进入如图 16-9 所示的界面。图中的 Location 是选择创建 Python 工程的位置及工程名字，工程目录为 D:\PyCharm Community Edition\project，给工程取个名字为 First_Project；图中的 Interpreter 是安装 Python 的解释器，默认的情况下已经选择好，目录为 Anaconda 的安装目录下的 Python 文件。选择好后，点击 Create 按钮。

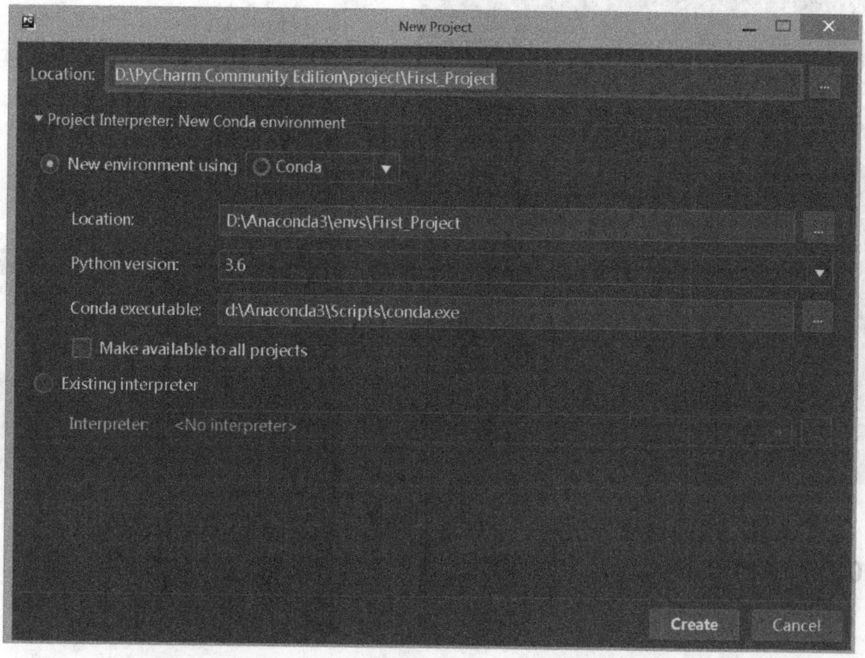

图 16-9

步骤05 进入的界面如图 16-10 所示，右击图中的工程名字，然后在菜单中点击 New，选择 Python File 菜单项，在弹出的界面中填写新建 Python 文件的名字。

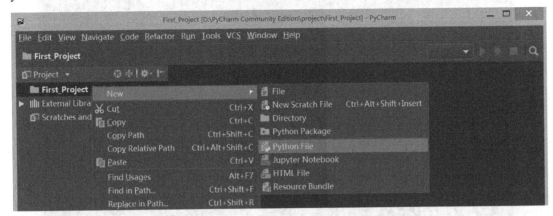

图 16-10

步骤06 文件创建成功后便进入如图 16-11 所示的界面，新建 Python 代码文件。

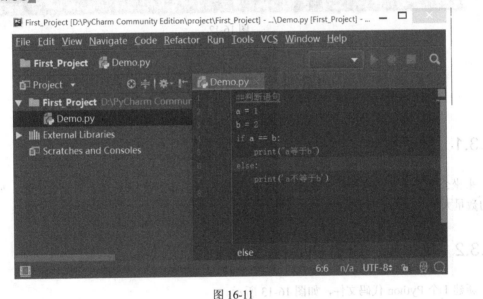

图 16-11

步骤07 右击打开菜单，点击"Run"，结果如图 16-12 所示。

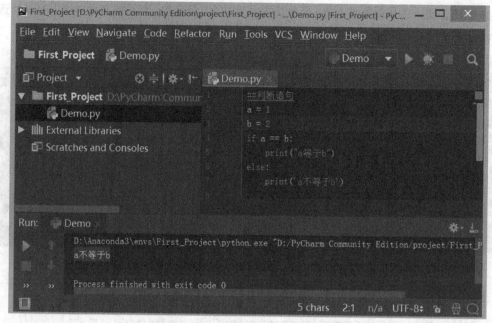

图 16-12

16.3　Python 入门

16.3.1　例子概述

乘坐公交车要求：输入公交卡当前的余额，余额只要超过 1 元，就可以上公交车；如果空座位的数量大于 0，就可以坐座位。

16.3.2　第一步：新建 Python 文件

新建 1 个 Python 代码文件，如图 16-13 所示。

图 16-13

16.3.3 第二步：设置字体大小

在菜单栏 File→Settings→Editor→Font 中设置字体大小，如图 16-14 所示。

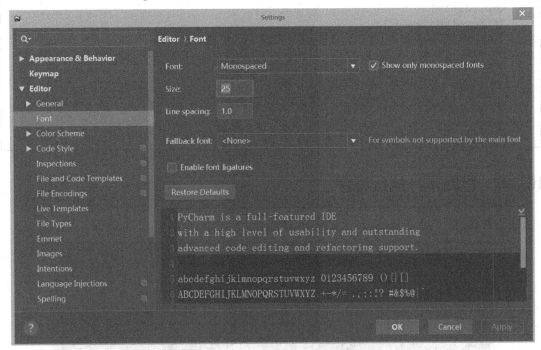

图 16-14

16.3.4 第三步：编写代码

在编辑窗口编写 Python 代码，如果代码报错，调试到没有错误为止，如图 16-15 所示。

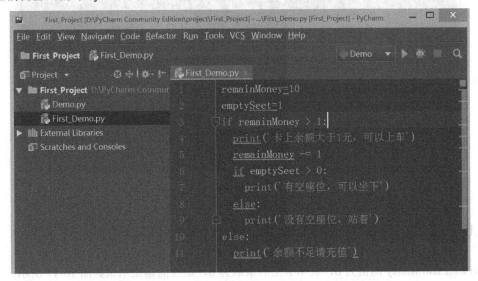

图 16-15

Python 代码如下：

```
#代码
remainMoney=10
emptySeet=1
if remainMoney > 1:
  print('卡上余额大于1元，可以上车')
  remainMoney -= 1
  if emptySeet > 0:
    print('有空座位，可以坐下')
  else:
    print('没有空座位，站着')
else:
  print('余额不足请充值')
```

16.3.5 第四步：执行程序

右击打开菜单，点击 Run，结果如图 16-16 所示。

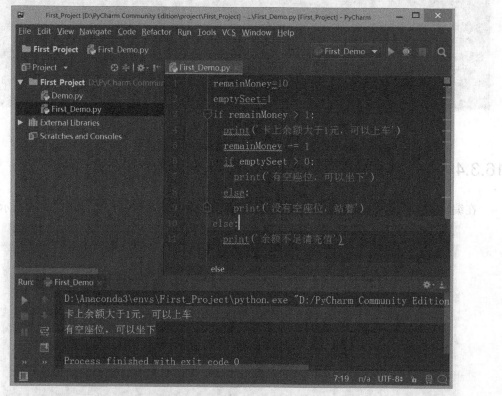

图 16-16

16.3.6 最后一步：改变输入

修改 remainMoney 的值为 0，表示卡上的余额为 0，最终的输出结果如图 16-17 所示。

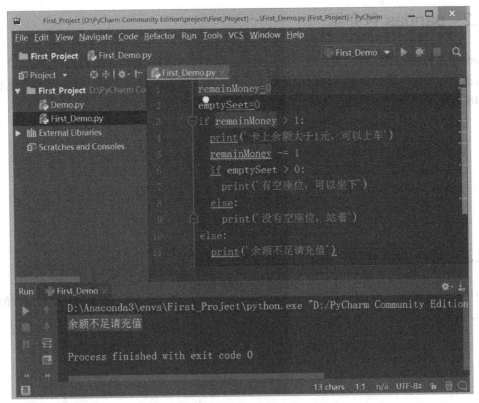

图 16-17

16.4 Python 数据科学库 pandas 入门

16.4.1 例子概述

如表 16-1 所示，类似这种结构化的表格数据，Python 将用 pandas 包处理。

表 16-1 结构化的表格数据

Sepal.Length 花萼长度	Sepal.Width 花萼宽度	Petal.Length 花瓣长度	Petal.Width 花瓣宽度	Class 花类型
5.1	3.5	1.4	0.2	setosa
4.9	3	1.4	0.2	setosa
7	3.2	4.7	1.4	versicolor
6.4	3.2	4.5	1.5	versicolor
6.3	3.3	6	2.5	virginica
5.8	2.7	5.1	1.9	virginica

16.4.2 pandas 包介绍

pandas 是强大的数据分析和处理工具，pandas 是一个 Python 包，主要是通过"标记"和"关系"数据进行工作，简单直观，pandas 是数据整理的完美工具。它设计用于快速简单的数据操作、聚合和可视化。它具有如下特点：

- 快速、灵活的数据结构，包括 Series 系列和 DataFrame 数据框。
- 支持类似 SQL 的数据增、删、查、改功能。
- 带有丰富的数据处理函数。
- 支持时间序列分析功能。
- 支持灵活处理缺失数据。

16.4.3 第一步：打开 Jupyter Notebook

通过操作系统的开始→所有程序→ Anaconda3→Jupyter Notebook，新建一个 Python3 的页面，如图 16-18 所示。

图 16-18

16.4.4 第二步：导入包

在识别数据之前，需要引入 pandas 包，如图 16-19 所示。

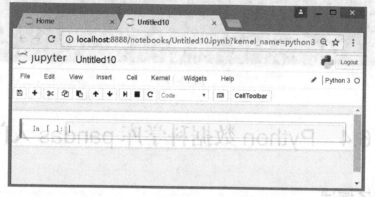

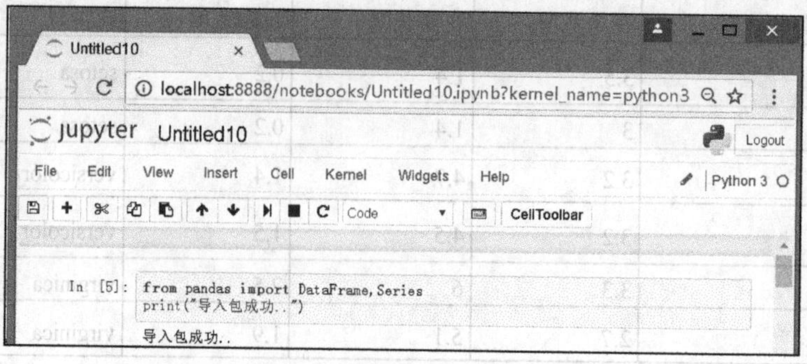

图 16-19

16.4.5 第三步：定义数据集

在 Jupyter Notebook 中编写 Python 代码，定义好原始数据，同时定义好表头的信息，如图 16-20 所示。

```
In [17]: d = [[5.1,3.5,1.4,0.2,'setosa'],[4.9,3,1.4,0.2,'setosa'],
             [7,3.2,4.7,1.4,'versicolor'],[6.4,3.2,4.5,1.5,'versicolor'],
             [6.3,3.3,6,2.5,'virginica'],[5.8,2.7,5.1,1.9,'virginica']]
         df = DataFrame(d,
             columns=['Sepal.Length','Sepal.Width','Petal.Length','Petal.Width','Class'])
         df
```

Out[17]:

	Sepal.Length	Sepal.Width	Petal.Length	Petal.Width	Class
0	5.1	3.5	1.4	0.2	setosa
1	4.9	3.0	1.4	0.2	setosa
2	7.0	3.2	4.7	1.4	versicolor
3	6.4	3.2	4.5	1.5	versicolor
4	6.3	3.3	6.0	2.5	virginica
5	5.8	2.7	5.1	1.9	virginica

图 16-20

代码如下：

```
d = [[5.1,3.5,1.4,0.2,'setosa'],[4.9,3,1.4,0.2,'setosa'],
    [7,3.2,4.7,1.4,'versicolor'],[6.4,3.2,4.5,1.5,'versicolor'],
    [6.3,3.3,6,2.5,'virginica'],[5.8,2.7,5.1,1.9,'virginica']]
df = DataFrame(d,columns=['Sepal.Length','Sepal.Width','Petal.Length','Petal.Width','Class'])
df
```

16.4.6 第四步：过滤数据

对数据集使用一些过滤函数进行处理，代码如下：

```
print("df 全部的数据：")
print(df)
print("索引出 df 前 2 行的数据：")
print(df[:2])
print("索引出 df 某列的数据：")
print(df['Sepal.Width'])
```

结果如图 16-21 所示。

```
print("df全部的数据：")
print(df)
print("索引出df前2行的数据：")
print(df[:2])
print("索引出df某列的数据：")
print(df['Sepal.Width'])
```

```
df全部的数据：
   Sepal.Length  Sepal.Width  Petal.Length  Petal.Width       Class
0           5.1          3.5           1.4          0.2      setosa
1           4.9          3.0           1.4          0.2      setosa
2           7.0          3.2           4.7          1.4  versicolor
3           6.4          3.2           4.5          1.5  versicolor
4           6.3          3.3           6.0          2.5   virginica
5           5.8          2.7           5.1          1.9   virginica
索引出df前2行的数据：
   Sepal.Length  Sepal.Width  Petal.Length  Petal.Width   Class
0           5.1          3.5           1.4          0.2  setosa
1           4.9          3.0           1.4          0.2  setosa
索引出df某列的数据：
0    3.5
1    3.0
2    3.2
3    3.2
4    3.3
5    2.7
Name: Sepal.Width, dtype: float64
```

图 16-21

16.4.7 最后一步：获取数据

获取指定的数据集数据，结果如图 16-22 所示。

```
print("索引出df某几列的数据：")
print(df[['Sepal.Width','Class']])
print("取出df地1行和第三行的数据：")
print(df.loc[[True,False,True,False,False]])
```

```
索引出df某几列的数据：
   Sepal.Width       Class
0          3.5      setosa
1          3.0      setosa
2          3.2  versicolor
3          3.2  versicolor
4          3.3   virginica
5          2.7   virginica
取出df地1行和第三行的数据：
   Sepal.Length  Sepal.Width  Petal.Length  Petal.Width       Class
0           5.1          3.5           1.4          0.2      setosa
2           7.0          3.2           4.7          1.4  versicolor
```

图 16-22

代码如下：

```
print("索引出 df 某几列的数据：")
print(df[['Sepal.Width','Class']])
print("取出 df 地 1 行和第三行的数据：")
print(df.loc[[True,False,True,False,False]])
```

16.5 Python 绘图库 matplotlib 入门

16.5.1 例子概述

处理学生的成绩数据，把学生分成不同的小组，且再区分不同的性别，对这些数据用 Python 的 matplotlib 画图包进行处理，以画柱状图显示。

16.5.2 第一步：新建一个 Python 文件

新建一个 Python 文件，取名为 plt，如图 16-23 所示。

图 16-23

16.5.3 第二步：引入画图包

引入 matplotlib 等包，以便后面的程序使用画图的函数设置字符集参数，如图 16-24 所示。

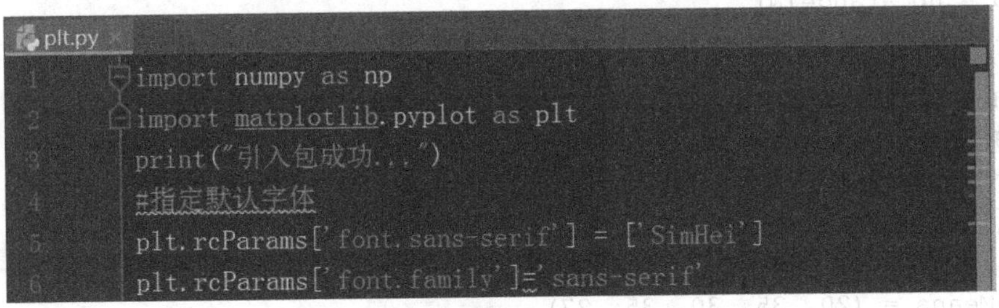

图 16-24

编程代码如下：

```
import numpy as np
import matplotlib.pyplot as plt
print("引入包成功...")
#指定默认字体
plt.rcParams['font.sans-serif'] = ['SimHei']
plt.rcParams['font.family']='sans-serif'
```

16.5.4 第三步：组织数据

声明数据的个数，设置表格的宽度，声明学生的成绩数据，组织好画图的元素，如图 16-25 所示。

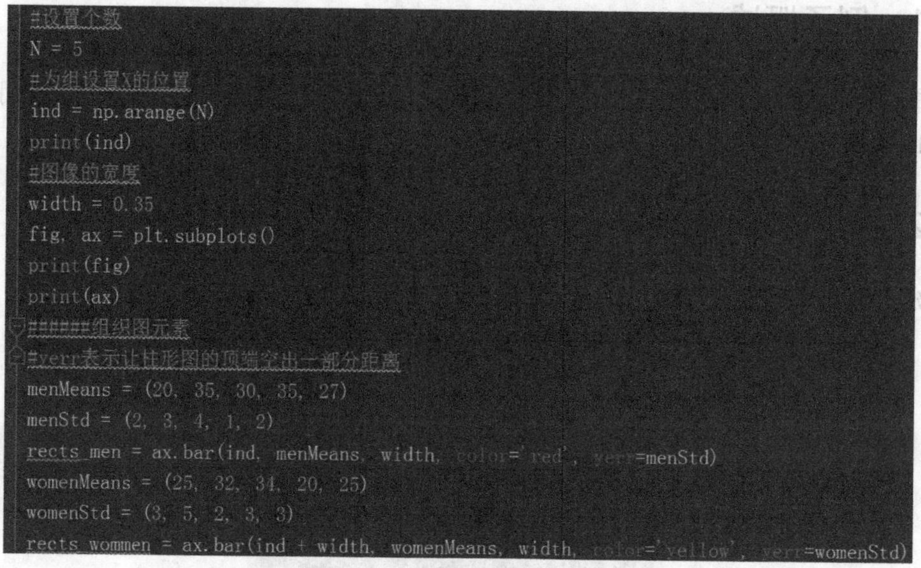

```
#设置个数
N = 5
#为组设置X的位置
ind = np.arange(N)
print(ind)
#图像的宽度
width = 0.35
fig, ax = plt.subplots()
print(fig)
print(ax)
######组织图元素
#yerr 表示让柱形图的顶端空出一部分距离
menMeans = (20, 35, 30, 35, 27)
menStd = (2, 3, 4, 1, 2)
rects_men = ax.bar(ind, menMeans, width, color='red', yerr=menStd)
womenMeans = (25, 32, 34, 20, 25)
womenStd = (3, 5, 2, 3, 3)
rects_wommen = ax.bar(ind + width, womenMeans, width, color='yellow', yerr=womenStd)
```

图 16-25

脚本如下：

```
#设置个数
N = 5
#为组设置 X 的位置
ind = np.arange(N)
print(ind)
#图像的宽度
width = 0.35
fig, ax = plt.subplots()
print(fig)
print(ax)
######组织图元素
#yerr 表示让柱形图的顶端空出一部分距离
menMeans = (20, 35, 30, 35, 27)
menStd = (2, 3, 4, 1, 2)
rects_men = ax.bar(ind, menMeans, width, color='red', yerr=menStd)
womenMeans = (25, 32, 34, 20, 25)
womenStd = (3, 5, 2, 3, 3)
rects_wommen = ax.bar(ind + width, womenMeans, width, color='yellow', yerr=womenStd)
```

16.5.5 第四步：画图

编写画图的功能，设置图片的 x 轴、y 轴和标题等信息，脚本如下：

```
# 添加 Y 轴标签、X 轴标签、标题和标签等
```

```
ax.set_ylabel('成绩')
ax.set_title('不同性别不同组的成绩')
ax.set_xticks(ind + width)
ax.set_xticklabels(('组1', '组2', '组3', '组4', '组5'))
ax.legend((rects_men[0], rects_wommen[0]), ('男', '女'))
#自动打标签的函数
def autolabel(rects):
    #附上一些文本标签
    for rect in rects:
        height = rect.get_height()
        ax.text(rect.get_x() + rect.get_width()/2., 1.05*height,
                '%d' % int(height),
                ha='center', va='bottom')
autolabel(rects_men)
autolabel(rects_wommen)
#画图
plt.show()
```

16.5.6 最后一步：查看结果

编写好程序后，右击打开菜单，点击 Run 按钮，之后会出现结果图像，如图 16-26 所示。

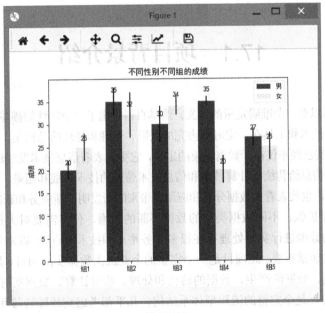

图 16-26

横轴表示 5 个不同的分组，纵轴表示学生的成绩。

第 17 章

大数据实战案例：实时数据流处理项目

17.1 项目背景介绍

关于大数据，难以有一个准确定量的定义。维基百科给出了一个定性的描述：大数据是指无法使用传统和常用的软件技术和工具在一定时间内完成获取、管理和处理的数据集。更进一步，当今"大数据"一词的重点其实已经不仅在于数据规模的定义，它更代表着信息技术发展进入了一个新的时代，代表着爆炸性的数据信息给传统的计算技术和信息技术带来的技术挑战和困难，代表着大数据处理所需的新的技术和方法，也代表着大数据分析和应用所带来的新发明、新服务和新的发展机遇。

由于数据的不断扩张，不同数据类型的数据不断的剧增，使得需要对大量的数据进行处理，尤其是对规模庞大的数据进行实时处理存在很多业务难点和技术难点，所以本章将要介绍的实时数据流处理项目就显得非常重要。此项目是一个完整的企业级大数据实战项目，是按照企业级标准来设计，从日志的收集、数据的产生、数据的转化和处理、实时计算、数据实时分析、Scala 后台开发、Web 前端展示等，是个完整的流程型体系结构，几乎都考虑到故障转移和容错性等。

17.2 业务需求分析

本项目应用场景是分析用户使用手机 App 的行为，描述如下：

（1）手机客户端会收集用户的行为事件，用户编号、点击网站地址、手机操作系统、点击时间等,将数据发送到数据服务端。

(2)后端的实时服务端会消费发送过来的数据,将数据读出来并进行实时分析。

(3)经过计算程序的实时处理与分析,将结果数据进行保存,保存的数据为用户编号、点击网站次数、点击时长等。

(4)在前端展现每个用户的点击趋势图。

(5)统计哪个时间段用户浏览量最高。

17.3 项目技术架构

项目技术架构如图 17-1 所示,先通过 Kafka 模拟采集一些数据,以消息队列的方式传送数据,Spark Streaming 接收到流数据后,Spark 进行数据业务逻辑的处理,处理之后的数据再实时地存储到内存数据库 Redis 中。

图 17-1

Spark Streaming 提供了一个叫作 DStream(Discretized Stream)的高级抽象,DStream 表示一个持续不断输入的数据流,可以基于 Kafka、TCP Socket、Flume 等输入数据流创建。在它的内部,一个 DStream 实际上是由一个 RDD 序列组成的。Sparking Streaming 是基于 Spark 平台的,也就继承了 Spark 平台的各种特性,如容错(Fault-tolerant)、可扩展(Scalable)、高吞吐(High-throughput)等特性。

在 Spark Streaming 中,每个 DStream 包含了一个时间间隔之内的数据项的集合,可以理解为指定时间间隔之内的一个 Batch,每一个 Batch 就构成一个 RDD 数据集,所以 DStream 就是一个个 Batch 的有序序列,时间是连续的,按照时间间隔将数据流分割成一个个离散的 RDD 数据集,如图 17-2 所示。

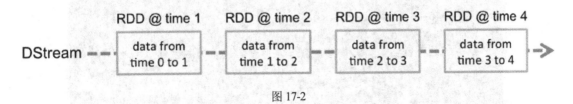

图 17-2

17.4 项目技术组成

此项目的技术组成包括：CentOS 6.5 操作系统 64 位的版本、FileZilla 软件 3.14 版本、MySQL 数据库 5.7 版本、HDFS 分布式文件系统 2.7 版本、Spark 处理引擎、IDEA 编程工具 2018.1 版本、Python 前端开发语言等，软件架构如图 17-3 所示。

图 17-3

17.5 项目实施步骤

17.5.1 第一步：运用 Kafka 产生数据

步骤01 打开 IDEA 工具，选择 File→New→Project→Maven，点击 Next 按钮，如图 17-4 所示。

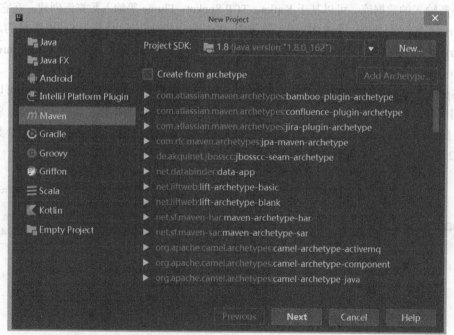

图 17-4

第 17 章 大数据实战案例：实时数据流处理项目

步骤02 输入 GroupId 和 ArtifactId 的值，对应的值一般为工程的名称，点击 Next 按钮，如图 17-5 所示。

图 17-5

步骤03 设置工程名称，输入工程名称，如图 17-6 所示，点击 Finish 按钮。

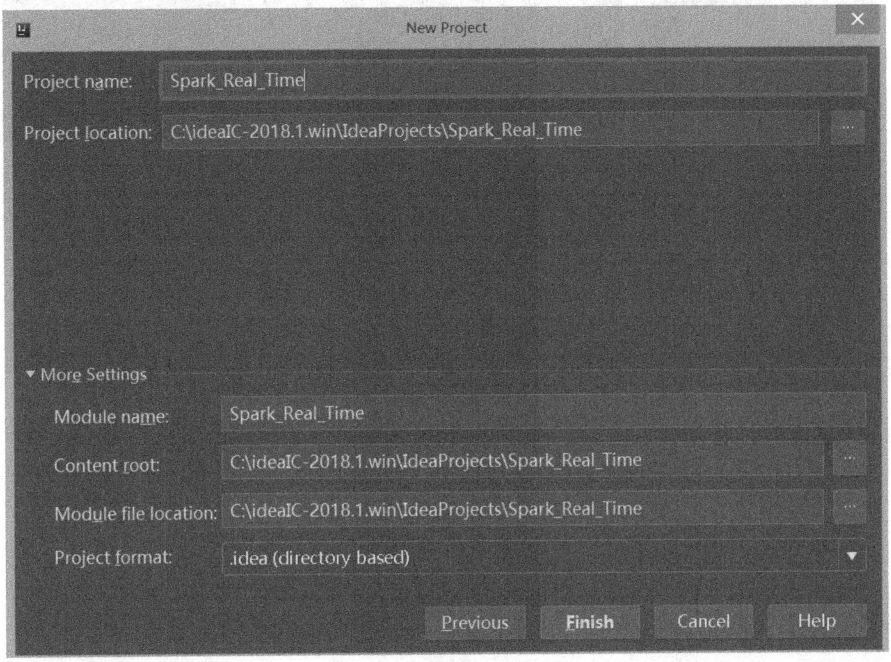

图 17-6

步骤04 设置程序包属性，进入 File→Project Structure→Libraries 的菜单下面，点击 "+"，选择 "Scala SDK"，如图 17-7 所示，点击 OK 按钮。

步骤05 修改 pom.xml 配置文件，修改文件内容，并执行 Import Changes 的功能，如图 17-8 所示，把对应的包和组件都下载到工程内。

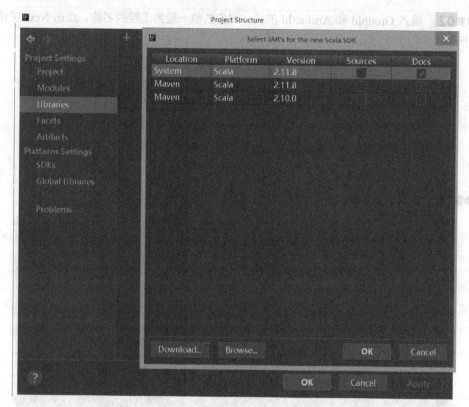

图 17-7

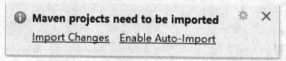

图 17-8

修改 pom.xml 文件的代码如下:

```
    <?xml version="1.0" encoding="UTF-8"?>
    <project xmlns="http://maven.apache.org/POM/4.0.0"
        xmlns:xsi="http://www.w3.org/2001/XMLSchema-instance"
        xsi:schemaLocation="http://maven.apache.org/POM/4.0.0
http://maven.apache.org/xsd/maven-4.0.0.xsd">
    <modelVersion>4.0.0</modelVersion>
    <groupId>Spark_Real_Time</groupId>
    <artifactId>Spark_Real_Time</artifactId>
    <version>1.0-SNAPSHOT</version>
    <name>${project.artifactId}</name>
    <properties>
        <maven.compiler.source>1.6</maven.compiler.source>
        <maven.compiler.target>1.6</maven.compiler.target>
        <encoding>UTF-8</encoding>
        <scala.version>2.11.8</scala.version>
        <spark.version>2.1.0</spark.version>
        <scala.compat.version>2.11</scala.compat.version>
    </properties>
```

```xml
<dependencies>
    <dependency>
        <groupId>org.apache.spark</groupId>
        <artifactId>spark-core_2.10</artifactId>
        <version>${spark.version}</version>
    </dependency>
    <dependency>
        <groupId>org.scala-lang</groupId>
        <artifactId>scala-library</artifactId>
        <version>${scala.version}</version>
    </dependency>
    <dependency>
        <groupId>org.apache.spark</groupId>
        <artifactId>spark-streaming_2.10</artifactId>
        <version>${spark.version}</version>
    </dependency>
    <dependency>
        <groupId>org.apache.spark</groupId>
        <artifactId>spark-streaming-kafka-0-10_2.11</artifactId>
        <version>2.1.0</version>
    </dependency>
    <dependency>
        <groupId>org.apache.kafka</groupId>
        <artifactId>kafka_2.11</artifactId>
        <version>0.10.2.0</version>
    </dependency>
    <dependency>
        <groupId>net.sf.json-lib</groupId>
        <artifactId>json-lib</artifactId>
        <version>2.4</version>
    </dependency>
    <dependency>
        <groupId>net.sf.json-lib</groupId>
        <artifactId>json-lib</artifactId>
        <version>2.4</version>
        <classifier>jdk15</classifier>
    </dependency>
    <dependency>
        <groupId>org.apache.commons</groupId>
        <artifactId>commons-lang3</artifactId>
        <version>3.1</version>
    </dependency>
    <dependency>
        <groupId>commons-beanutils</groupId>
        <artifactId>commons-beanutils</artifactId>
        <version>1.8.3</version>
    </dependency>
    <dependency>
        <groupId>commons-logging</groupId>
        <artifactId>commons-logging</artifactId>
        <version>1.1.1</version>
    </dependency>
    <dependency>
        <groupId>commons-collections</groupId>
        <artifactId>commons-collections</artifactId>
```

```xml
            <version>3.2.1</version>
        </dependency>
        <dependency>
            <groupId>net.sf.ezmorph</groupId>
            <artifactId>ezmorph</artifactId>
            <version>1.0.6</version>
        </dependency>
        <dependency>
            <groupId>org.codehaus.jettison</groupId>
            <artifactId>jettison</artifactId>
            <version>1.3.8</version>
        </dependency>
        <dependency>
            <groupId>redis.clients</groupId>
            <artifactId>jedis</artifactId>
            <version>2.7.0</version>
        </dependency>
        <dependency>
            <groupId>org.apache.commons</groupId>
            <artifactId>commons-pool2</artifactId>
            <version>2.2</version>
        </dependency>
        <dependency>
            <groupId>junit</groupId>
            <artifactId>junit</artifactId>
            <version>4.11</version>
            <scope>test</scope>
        </dependency>
        <dependency>
            <groupId>org.specs2</groupId>
            <artifactId>specs2-core_${scala.compat.version}</artifactId>
            <version>2.4.16</version>
            <scope>test</scope>
        </dependency>
        <dependency>
            <groupId>org.scalatest</groupId>
            <artifactId>scalatest_${scala.compat.version}</artifactId>
            <version>2.2.4</version>
            <scope>test</scope>
        </dependency>
    </dependencies>
    <build>
        <plugins>
            <plugin>
                <groupId>net.alchim31.maven</groupId>
                <artifactId>scala-maven-plugin</artifactId>
                <version>3.2.0</version>
                <executions>
                    <execution>
                        <id>compile-scala</id>
                        <phase>compile</phase>
                        <goals>
                            <goal>add-source</goal>
                            <goal>compile</goal>
                        </goals>
```

```
            </execution>
            <execution>
                <id>test-compile-scala</id>
                <phase>test-compile</phase>
                <goals>
                    <goal>add-source</goal>
                    <goal>testCompile</goal>
                </goals>
            </execution>
        </executions>
    </plugin>
  </plugins>
</build>
</project>
```

步骤06 新建 Scala 程序，在 src→main→java 目录下面新建 Scala 程序，如图 17-9 所示，新建一个 Scala 对象程序，取名为 KafkaProducer。

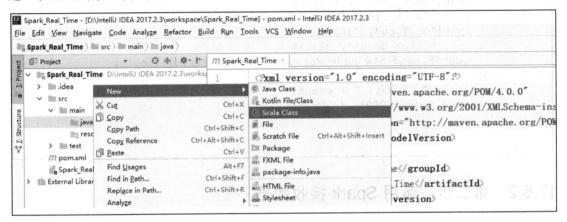

图 17-9

KafkaProducer.scala 文件的代码如下：

```
    package main.java
    import java.util.Properties
    import org.codehaus.jettison.json.JSONObject
    import kafka.javaapi.producer.Producer
    import kafka.producer.KeyedMessage
    import kafka.producer.ProducerConfig
    import java.util.Random
    object KafkaProducer {
      private val users =
Array("u1","u2","u3","u4","u5","u6","u7","u8","u9","u10")
      private val random = new Random()
      private var pointer = -1
      def getUserID(): String = {
        pointer = pointer + 1
        if (pointer >= users.length) {
          pointer = 0
          users(pointer)
        } else {
```

```
            users(pointer)
          }
      }
      def click(): Double = {
        random.nextInt(10)
      }
      def main(args: Array[String]): Unit = {
        val topic = "User_Events"
        val brokers = "localhost:9092"
        val props = new Properties()
        props.put("metadata.broker.list", brokers)
        props.put("serializer.class", "kafka.serializer.StringEncoder")
        val kafkaConfig = new ProducerConfig(props)
        val producer = new Producer[String, String](kafkaConfig)
        while (true) {
          val event = new JSONObject()
          event
            .put("User_Id", getUserID)
            .put("Event_Time", System.currentTimeMillis.toString)
            .put("Os_Type", "IOS")
            .put("Click_Count", click)
          producer.send(new KeyedMessage[String, String](topic,
event.toString))
          println("消息发送: " + event)
          Thread.sleep(2000)   //单位毫秒
        }
      }
  }
```

17.5.2 第二步：运用 Spark 接收数据

步骤01 新建 Scala 程序，在 src→main→java 目录下面新建 Scala 程序，新建一个 ConnToRedis 对象程序，代码如下：

```
import org.apache.commons.pool2.impl.GenericObjectPoolConfig
import redis.clients.jedis.JedisPool
object ConnToRedis extends Serializable {
  println("Start")
  val redisHost = "127.0.0.1"
  val redisPort = 6379
  val redisTimeout = 40000
  lazy val pool = new JedisPool(new GenericObjectPoolConfig(), redisHost,
redisPort, redisTimeout)
  lazy val hook = new Thread {
    override def run = {
      println("开始执行线程: " + this)
      pool.destroy()
    }
  }
  println("Over")
}
```

步骤02 新建一个 UserClickAnalytics 的 Scala 对象程序，代码如下：

```scala
package main.java
import org.apache.spark.streaming.kafka010.KafkaUtils
import org.apache.spark.streaming.kafka010.LocationStrategies.PreferConsistent
import org.apache.spark.streaming.kafka010.ConsumerStrategies.Subscribe
import org.apache.kafka.common.serialization.StringDeserializer
import net.sf.json.JSONObject
import org.apache.spark.SparkConf
import org.apache.spark.streaming.Seconds
import org.apache.spark.streaming.StreamingContext
object UserClickAnalytics {
  def main(args: Array[String]): Unit = {
    var masterUrl = "local[2]"
    var conf = new SparkConf().setMaster(masterUrl).setAppName("Spark_Real_Time")
    var ssc=new StreamingContext(conf,Seconds(4));
    var topic=Array("User_Events");
    var group="con-consumer-group"
    val kafkaParam = Map(
      "bootstrap.servers" -> "localhost:9092",
      "key.deserializer" -> classOf[StringDeserializer],
      "value.deserializer" -> classOf[StringDeserializer],
      "group.id" -> group,
      "auto.offset.reset" -> "latest",
      "enable.auto.commit" -> (false: java.lang.Boolean)
    );
    val dbIndex = 1
    val clickHashKey = "App::User::Click"
    var stream=KafkaUtils.createDirectStream[String,String](ssc,
PreferConsistent,Subscribe[String,String](topic,kafkaParam))
    val events = stream.flatMap(line => {
      val data = JSONObject.fromObject(line.value())
      Some(data)
    })
    val userClicks = events.map(x => (x.getString("User_Id"),
x.getInt("Click_Count"))).reduceByKey(_ + _)
    userClicks.foreachRDD(rdd => {
      rdd.foreachPartition(partitionOfRecords => {
        partitionOfRecords.foreach(pair => {
          val uid = pair._1
          val clickCount = pair._2
          val jedis = ConnToRedis.pool.getResource
          jedis.select(dbIndex)
          jedis.hincrBy(clickHashKey, uid, clickCount)
          ConnToRedis.pool.returnResource(jedis)
        })
      })
    })
    ssc.start();
    ssc.awaitTermination();
    println("结束")
  }
}
```

步骤03 添加 Artifact 包，具体路径为 File→Project Structure→Artifacts，点击"+"，然后点击 OK 按钮，操作步骤如图 17-10 所示。

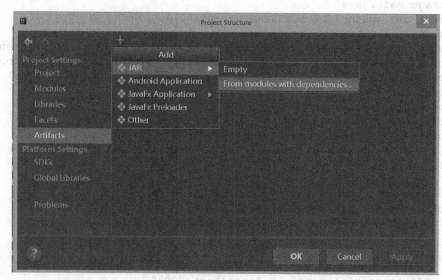

图 17-10

删除一些不需要的服务，最终结果如图 17-11 所示。

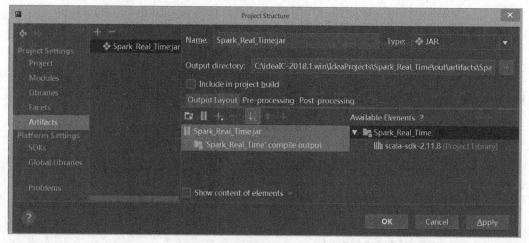

图 17-11

步骤04 生成 Artifact 包，点击 Build→Build Artifacts，可以生成对应的 JAR 包文件，如图 17-12 所示。

第 17 章 大数据实战案例：实时数据流处理项目 | 211

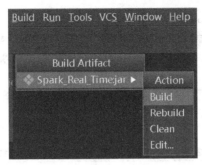

图 17-12

步骤05 在指定的目录下面生成了 JAR 文件，最终结果如图 17-13 所示。

图 17-13

17.5.3 第三步：安装 Redis 软件

步骤01 把安装软件上传到指定的远程服务器上，如图 17-14 所示。

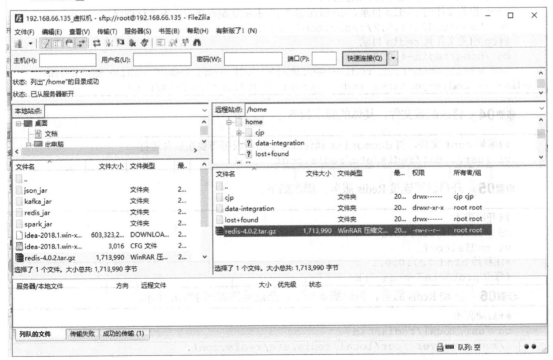

图 17-14

步骤02 进入到远程环境，使用 CRT 工具，ssh 到 Linux 环境，如图 17-15 所示。

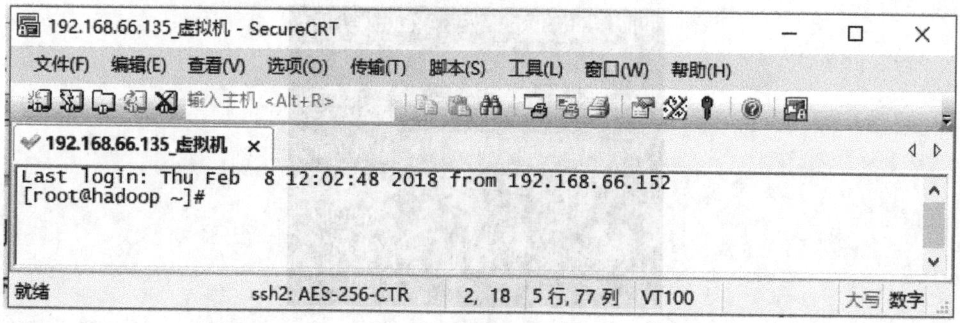

图 17-15

步骤03 运行下面的安装命令，具体的脚本如下：

```
##进入 Redis 安装目录
cd /home/
tar xzf redis-4.0.2.tar.gz
##进入 Redis 安装目录
cd redis-4.0.2
##编译
make MALLOC=libc
##进入 src 文件夹，进行 Redis 安装
cd /home/redis-4.0.2/src/
make install PREFIX=/usr/local/redis
##创建文件夹
mkdir -p /usr/local/redis/etc
##cp 相关文件到 redis 目录，cp 前面加 "\" 表示复制直接覆盖不进行询问
cp /home/redis-4.0.2/redis.conf  /usr/local/redis/etc/
##cp 相关文件到 redis 目录
cd /home/redis-4.0.2/src
\cp mkreleasehdr.sh redis-benchmark redis-check-aof redis-check-rdb redis-cli redis-sentinel redis-server /usr/local/redis/bin/
```

步骤04 修改配置文件，具体的脚本如下：

```
##编辑 conf 文件，将 daemonize 属性改为 yes，表明需要在后台运行
vi /usr/local/redis/etc/redis.conf
```

步骤05 开启远程连接 Redis 服务，脚本如下：

```
##开启脚本
cd /usr/local/redis/etc
vi redis.conf
#注释掉 bind 127.0.0.1
#修改 protected-mode 为 no
```

步骤06 启动 Redis 服务，具体脚本如下，启动结果如图 17-16 所示。

```
##启动脚本
cd /usr/local/redis/bin
./redis-server /usr/local/redis/etc/redis.conf
```

第 17 章 大数据实战案例：实时数据流处理项目 | 213

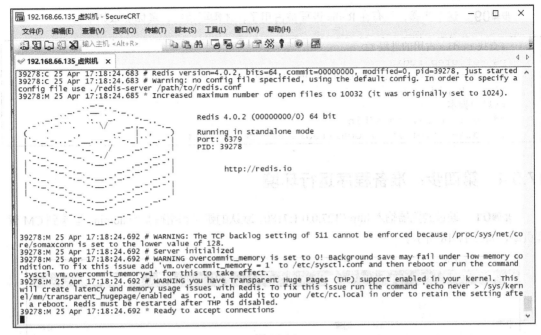

图 17-16

步骤07 用客户端测试 Redis 服务，如图 17-17 所示。

图 17-17

脚本如下：

```
##开启脚本
cd /usr/local/redis/bin
./redis-cli
```

步骤08 测试例子，脚本如下：

```
##测试例子脚本
[root@hadoop bin]#./redis-cli
127.0.0.1:6379> keys *
(empty list or set)
127.0.0.1:6379> lpush mylist 0
(integer) 1
127.0.0.1:6379> GET mylist
0
```

步骤09 这个步骤，只有在 Redis 进程被占用了，才需要执行，具体脚本如下：

```
#查找 redis 占用的进程 ID
ps -ef|grep redis
#杀死 redis 进程，pid 替换成查找到的 ID 数据
kill -9 pid
##启动脚本
cd /usr/local/redis/bin
./redis-server /usr/local/redis/etc/redis.conf
```

17.5.4　第四步：准备程序运行环境

步骤01 通过浏览器输入 http://127.0.0.1:7180，默认的账号和密码都为 admin，登录到 CM 管理页面，如图 17-18 所示。

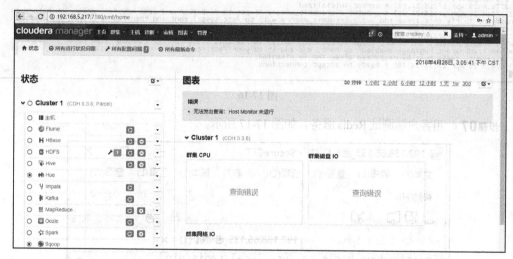

图 17-18

步骤02 启动 ZooKeeper，进入到菜单页面，点击"启动"按钮，如图 17-19 所示。

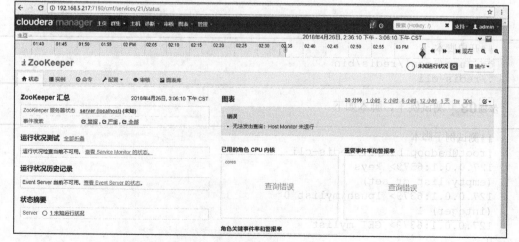

图 17-19

第 17 章 大数据实战案例：实时数据流处理项目 | 215

步骤03 启动 Kafka，进入到服务的菜单，点击"启动"按钮，如图 17-20 所示。

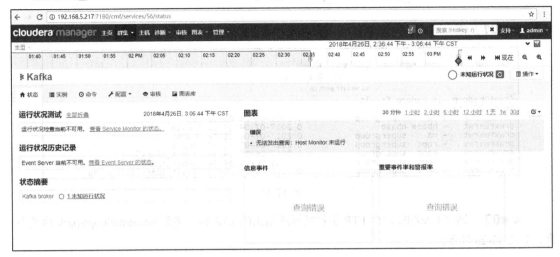

图 17-20

步骤04 启动 Redis，启动命令请执行以下脚本：

```
##进入Redis安装目录
cd /usr/local/redis/bin
##启动Redis服务
./redis-server /usr/local/redis/etc/redis.conf
##查看进程是否正常启动
ps aux |grep redis
```

启动后如图 17-21 所示。注意：此命令窗口不要关闭。

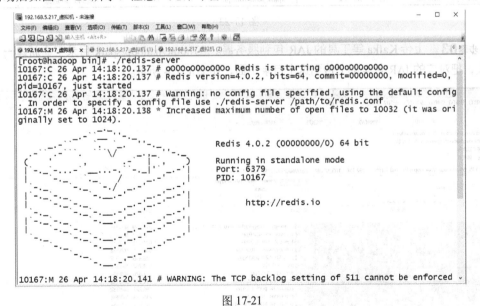

图 17-21

17.5.5 第五步：远程执行 Spark 程序

步骤01 进入到远程环境。使用 CRT 工具，进入到 Spark 的开发环境，如图 17-22 所示。

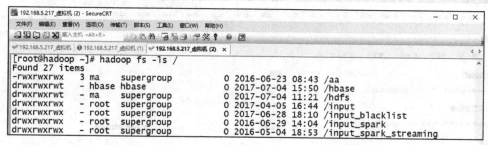

图 17-22

步骤02 通过 FileZilla 这个 FTP 工具把程序所用的 JAR 包上传到/home/hadoop/spark 目录下面，如图 17-23 所示。

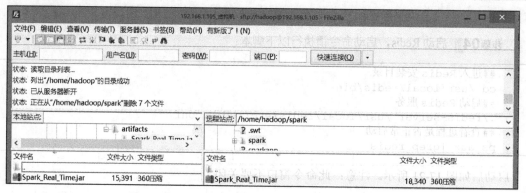

图 17-23

步骤03 上传 Kafka 等工具的 JAR 包到服务器。在/home/hadoop/spark 目录下面新建一个 jar 文件夹，把对应的 JAR 包全部上传到这个目录下面，如图 17-24 所示。

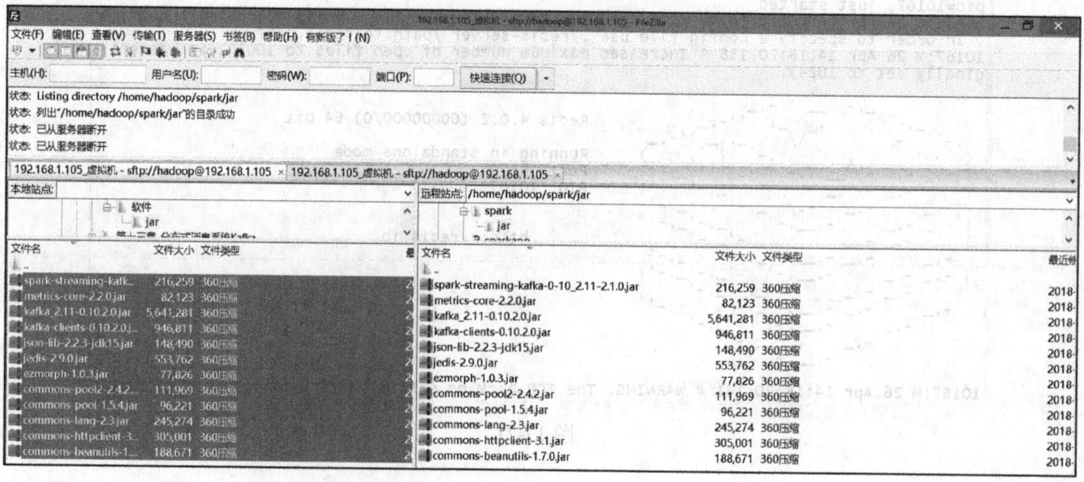

图 17-24

第 17 章 大数据实战案例：实时数据流处理项目

步骤04 执行 Spark 脚本命令，实时产生数据，此程序会每隔几秒实时产生数据。

执行的命令如下：

```
spark-submit --master spark://127.0.0.1:7077 --class
main.java.KafkaProducer --driver-class-path :/home/hadoop/spark/jar/*
--executor-memory 500m /home/hadoop/spark/Spark_Real_Time.jar
```

结果如图 17-25 所示。注意：此命令窗口不要关闭。

图 17-25

步骤05 再打开一个 ssh 窗口，执行 Spark 脚本命令，实时接收数据，执行的命令如下：

```
spark-submit --master spark://127.0.0.1:7077  --class
main.java.UserClickAnalytics --driver-class-path :/home/hadoop/spark/jar/*
--executor-memory 500m /home/hadoop/spark/Spark_Real_Time.jar
```

展现的结果如图 17-26 所示。

图 17-26

步骤06 使用 Redis Desktop Manager 此客户端工具连接到远程的 Redis 数据库，输入名称 Name、主机名称 Host、端口号 Port 等信息，如图 17-27 所示。

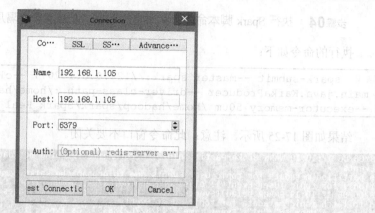

图 17-27

步骤07 进入到 Redis 的 db1 数据库，可以看见 App::User::Click 里面已经产生实时数据，如图 17-28 所示。

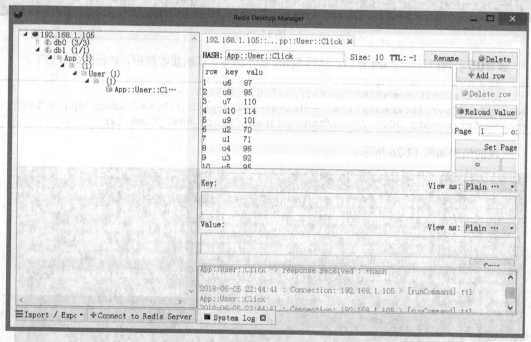

图 17-28

17.5.6　第六步：编写 Python 实现可视化

步骤01 打开 Pycharm 代码编辑器，并新建一个工程，如图 17-29 所示。

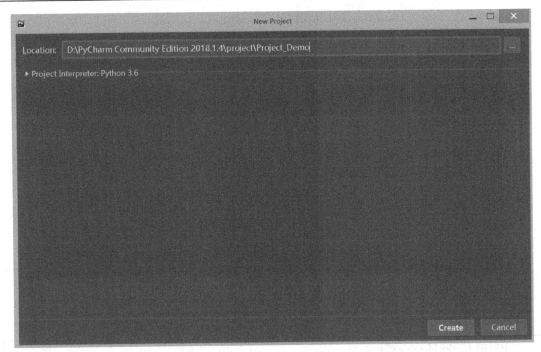

图 17-29

步骤02 安装 Redis 包，在 Pycharm 主页面点击 File，选择 Settings，进入设置项，在设置页输入 Project，查找 Project Interpreter，找到"redis"字样，双击，点击安装包，如图 17-30 所示。

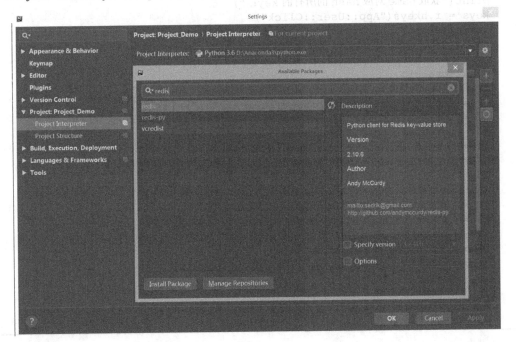

图 17-30

步骤03 新建一个.py 的程序，取名为 Draw_Redis，如图 17-31 所示。

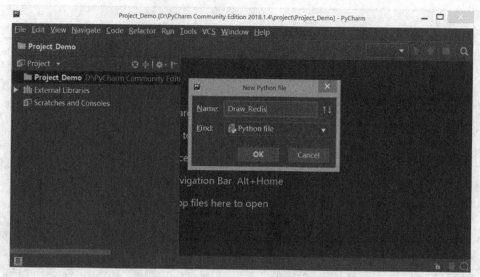

图 17-31

Python 的代码如下：

```
print("Start.....")
import redis
print("断点1")
pool = redis.ConnectionPool(host='192.168.1.105', port=6379 ,db=1)
r = redis.Redis(connection_pool=pool)
print("获取name对应hash的所有的key: ")
keys = r.hkeys("App::User::Click")
print(keys)
print("获取name对应hash的所有的value: ")
hvals = r.hvals("App::User::Click")
print(hvals)
print("截取每个key对应value值的第3位到倒数第1位: ")
u1 = int(str(r.hget("App::User::Click","u1"))[2:-1])
u2 = int(str(r.hget("App::User::Click","u2"))[2:-1])
u3 = int(str(r.hget("App::User::Click","u3"))[2:-1])
u4 = int(str(r.hget("App::User::Click","u4"))[2:-1])
u5 = int(str(r.hget("App::User::Click","u5"))[2:-1])
u6 = int(str(r.hget("App::User::Click","u6"))[2:-1])
u7 = int(str(r.hget("App::User::Click","u7"))[2:-1])
u8 = int(str(r.hget("App::User::Click","u8"))[2:-1])
u9 = int(str(r.hget("App::User::Click","u9"))[2:-1])
u10 = int(str(r.hget("App::User::Click","u10"))[2:-1])
import matplotlib.pyplot as plt
values_list = [u1,u2,u3,u4,u5,u6,u7,u8,u9,u10]
print(values_list)
print("画柱状图: ")
plt.bar(range(len(keys)), values_list, color='rgb')
plt.show()
```

步骤04 保存代码。

17.5.7 最后一步：执行 Python 程序

步骤01 打开 Pycharm 工具，右击打开菜单，执行代码，如图 17-32 所示。

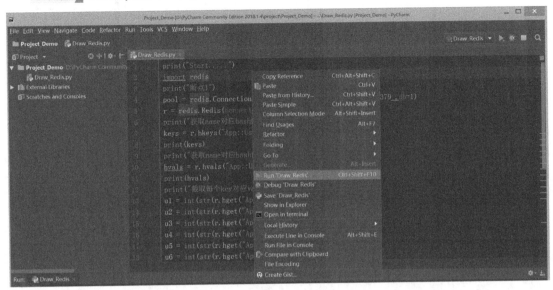

图 17-32

步骤02 对执行结果进行分析，如图 17-33 所示。

图 17-33

步骤03 运行程序后，产生结果图片，如图 17-34 所示。此图中，横轴表示用户编号，纵轴表示用户点击网页的点击数量。

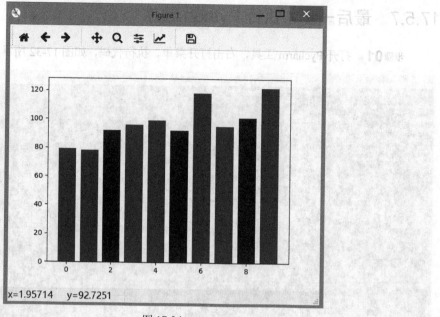

图 17-34

17.6 项目总结

本章的示例项目运用了 Kafka、Spark Streaming 等实时的技术框架,让读者能了解实时分析的原理,认识到实时分析的技术特点和难点。学完本章可以对 Kafka 实时产生数据的技术有个更深层次的认知,熟练掌握 Redis 这个内存数据库的原理和实际操作,熟练掌握 Spark Streaming 实时处理技术,熟悉 Python 语言,掌握 Python 在可视化方面的技术和技能。仔细琢磨这个项目在日后的工作学习中有特别大的帮助。

第18章

大数据实战案例：用户日志综合分析项目

18.1 项目背景介绍

在互联网应用中，其基本的数据来源都是日志数据。采集用户上网的操作日志信息，包括登录时间、用户编号、IP 地址、登录区域等信息。比如可以使用爬虫技术、爬取网易的访问日志数据、统计网页的浏览量、访问的用户数、访问的 IP 数量、跳出用户数等业务指标。

日志分析的应用场景还有：发现哪些用户频繁的登录；再比如哪些用户登录的时长是特别多的，表示这些用户算是老铁忠臣；再比如哪些用户平均每月登录次数超过一定阀值，表示是老用户。可以针对这些用户做 360 度无死角的个性化标签，再推出个性化的营销策略。

18.2 项目设计目的

本章的用户日志综合分析项目涵盖 Linux、HDFS、MySQL、Sqoop、HBase、Hive、Kettle、Python 等语言和工具的使用方法。通过本项目，将有助于学习综合运用大数据课程知识以及各种工具软件，实现数据全流程操作。通过训练此项目，可以达到如下目的：

- 熟悉 HBase、Hive、Sqoop、Kettle、Python 等软件的安装和使用。
- 动手实操 Linux 到 HDFS 的过程。
- 熟悉 MySQL 创建表等实际操作。

- 实际操作 Sqoop 的数据操作。
- 了解 HBase 的基本原理。
- 动手操作 HBase 创建表的过程。
- 了解 Hive 数据仓库的原理。
- 动手实操 Hive 创建表等。
- 学会使用 Kettle 实现简单的 ETL 过程。
- 了解什么是 Python 开发语言。
- 动手实际操作使用 Python 运算例子。
- 实操编写 Python 画图的可视化程序。

18.3 项目技术架构和组成

本项目只是希望得到数据的分析结果，对处理的时间要求不严格，就可以采用离线处理的方式，比如我们可以先将日志数据采集到 HDFS 中，之后再进一步使用 MapReduce、Hive 等来对数据进行分析，架构如图 18-1 所示。

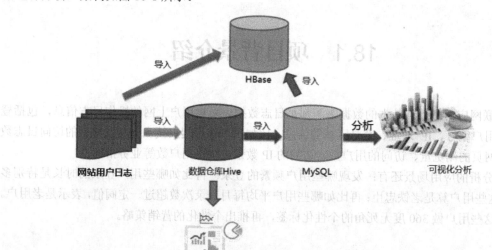

图 18-1

此项目的技术组成包括：

- Linux 系统 CentOS 6.564 位版本。
- FTP 软件 3.14 版本。
- 关系型数据库 MySQL5.6 版本。
- HDFS 分布式文件系统。
- 数据处理工具 Kettle。

- 数据仓库 Hive。
- NoSQL 数据库 HBase。
- 大数据量的 ETL 工具 Sqoop。
- Python 3.6 前端开发语言等。

为了降低复杂度,本项目做了简化处理,以便读者掌握大数据基础组件技术。

18.4 项目实施步骤

18.4.1 第一步:本地数据 FTP 到 Linux 环境

通过 FTP 工具把本地的数据上传到 Linux 环境,如图 18-2 所示。

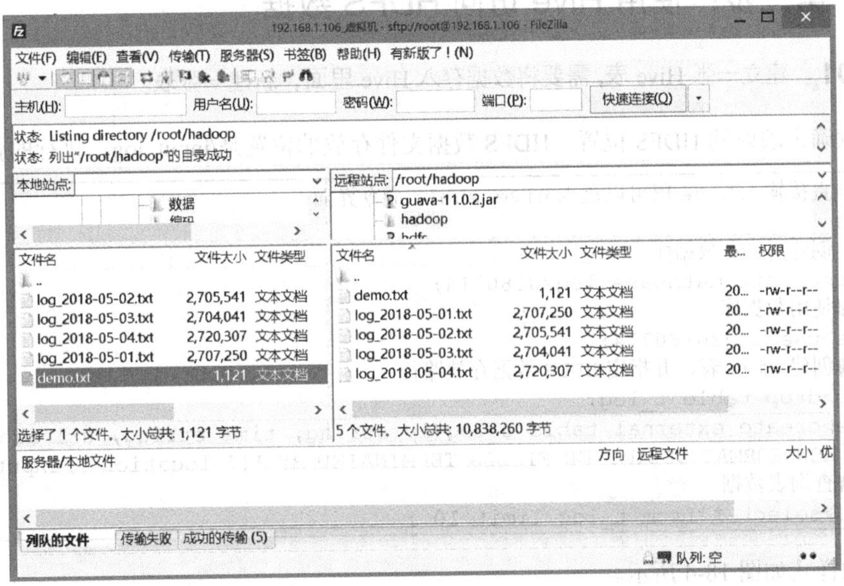

图 18-2

18.4.2 第二步:Linux 数据上传到 HDFS

把 Linux 环境下的数据上传到 HDFS,请执行以下命令:

```
#删除目录
hadoop fs -rmr /input_log
#新建 HDFS 目录
hadoop fs -mkdir /input_log
#删除 HDFS 文件
hadoop fs -rmr /input_log/demo.txt
#上传本地 Linux 数据文件到 HDFS 目录
hadoop fs -put /root/hadoop/demo.txt /input_log
```

```
#确定是否上传成功
hadoop fs -ls /input_log
```

操作界面如图 18-3 所示。

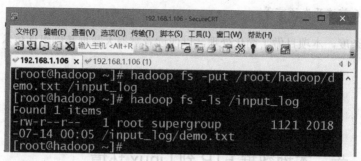

图 18-3

18.4.3 第三步：使用 Hive 访问 HDFS 数据

步骤01 建立一张 Hive 表，需要将数据存入 Hive 里面，新建一张表。

请注意确定映射的 HDFS 位置，HDFS 数据文件存放的位置是/input_log，执行的脚本如下：

```
####直接输入 hive 就可以进入 hive shell 命令界面
hive
####创建 Hive 数据库
hive>create database log20180714;
####使用数据库
hive>use log20180714;
####创建 Hive 表，并指定 HDFS 数据存放路径
hive>drop table t_log;
hive>create external table t_log(ip string, time string, url_address string) ROW FORMAT DELIMITED FIELDS TERMINATED BY '|' location '/input_log' ;
####查询表数据
hive>select * from t_log limit 10 ;
```

执行的样式如图 18-4 所示。

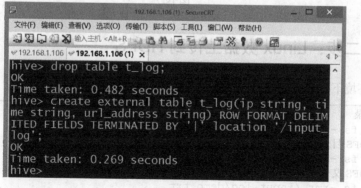

图 18-4

查看数据的页面，如图 18-5 所示。

第 18 章　大数据实战案例：用户日志综合分析项目

```
hive> select * from t_log limit 10 ;
OK
192.168.0.1    20180503112020    http://www.163.com/image=1
192.168.0.2    20180503112021    http://www.163.com/data=2
192.168.0.3    20180503112021    http://www.163.com/data=2
192.168.0.4    20180503112022    http://www.163.com/image=1
192.168.0.5    20180503112023    http://www.163.com/image=1
192.168.0.5    20180503112024    http://www.163.com/source=3
192.168.0.6    20180503112021    http://www.163.com/member.php?mod=register
192.168.0.6    20180503112022    http://www.163.com/source/
192.168.0.7    20180503112023    http://www.163.com/image/
192.168.0.8    20180503112023    http://www.163.com/common/
Time taken: 12.424 seconds, Fetched: 10 row(s)
hive>
```

图 18-5

步骤02 使用 Hive 的统计语言，统计用户对网页浏览量 PageViews，简称 PV。PV 指的是所有用户浏览页面的总和，1 个用户每次打开 1 个页面就会被记录 1 次。运行的 Hive 脚本如下：

```
####创建 Hive 表
hive>create table t_log_pv as select count(1) as pv from t_log ;
####查看 Hive 表的数据
hive>select * from t_log_pv ;
```

执行此脚本的结果如图 18-6 所示。

```
hive> create table t_log_pv as select count(1) as pv from t_log ;
Total jobs = 1
Launching Job 1 out of 1
Number of reduce tasks determined at compile time: 1
In order to change the average load for a reducer (in bytes):
  set hive.exec.reducers.bytes.per.reducer=<number>
In order to limit the maximum number of reducers:
  set hive.exec.reducers.max=<number>
In order to set a constant number of reducers:
  set mapreduce.job.reduces=<number>
```

图 18-6

步骤03 使用 Hive 统计语言，统计注册用户数 RegisteredUsers，简称 RU，表示用户访问注册的页面的个数。脚本如下：

```
####创建 Hive 表
hive>create table t_log_ru as select count(1) as reguser from t_log where instr(url_address,'member.php?mod=register')>0;
hive>select * from t_log_ru ;
```

执行此脚本的结果如图 18-7 所示。

```
hive> create table t_log_ru as select count(1) as reguser from t_log where instr(url,'member.php?mod=reg
ister')>0;
FAILED: SemanticException [Error 10004]: Line 1:75 Invalid table alias or column reference 'url': (possi
ble column names are: ip, time, url_address)
hive> create table t_log_ru as select count(1) as reguser from t_log where instr(url_address,'member.php
?mod=register')>0;
Total jobs = 1
Launching Job 1 out of 1
Number of reduce tasks determined at compile time: 1
In order to change the average load for a reducer (in bytes):
  set hive.exec.reducers.bytes.per.reducer=<number>
In order to limit the maximum number of reducers:
  set hive.exec.reducers.max=<number>
In order to set a constant number of reducers:
  set mapreduce.job.reduces=<number>
Starting Job = job_1531506528409_0003, Tracking URL = http://localhost:8088/proxy/application_1531506528
409_0003/
Kill Command = /opt/cloudera/parcels/CDH-5.3.8-1.cdh5.3.8.p0.5/lib/hadoop/bin/hadoop job  -kill job_1531
506528409_0003
Hadoop job information for Stage-1: number of mappers: 1; number of reducers: 1
2018-07-14 03:37:42,480 Stage-1 map = 0%,  reduce = 0%
2018-07-14 03:38:06,732 Stage-1 map = 100%,  reduce = 0%, Cumulative CPU 2.49 sec
2018-07-14 03:38:30,237 Stage-1 map = 100%,  reduce = 100%, Cumulative CPU 4.46 sec
MapReduce Total cumulative CPU time: 4 seconds 460 msec
Ended Job = job_1531506528409_0003
```

图 18-7

步骤04 使用 Hive 统计语言，统计访问的 IP 数量。表示某个时间段，访问页面的不同的 IP 个数的总和。其中同一个 IP 无论访问几个页面，独立 IP 数均算作 1 个。所以，只需要统计日志中处理的不同的 IP 个数，执行的 Hive 命令如下：

```
####删除 Hive 数据表
hive>drop table t_log_ip ;
####创建 Hive 数据表
hive>create table t_log_ip as select count(distinct ip) as IP from t_log ;
####查询 Hive 表数据
hive>select * from t_log_ip ;
```

步骤05 将所有的统计指标存放到 1 张汇总的表中。借助 1 张汇总表将统计得到的结果整合起来，Hive 的脚本如下：

```
###创建统一汇总表
hive> create table t_log_all as select time, a.pv, b.reguser, c.ip FROM t_log_pv a JOIN t_log_ru b ON 1=1 JOIN t_log_ip c ON 1=1;
###查询 Hive 表数据
Hive>select * from t_log_all ;
```

执行此脚本的结果如图 18-8 所示。

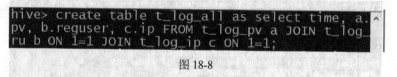

图 18-8

18.4.4 第四步：使用 Kettle 把数据导入 HBase

步骤01 使用 Firefox 等浏览器，进入到大数据的 Hadoop 的开发环境，确认 HDFS、HBase 等服务都是可以正常使用的，如图 18-9 所示。

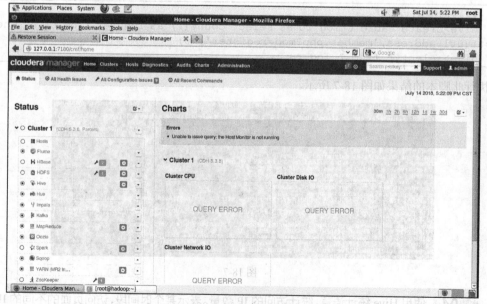

图 18-9

执行的命令语句为：

```
####进入到 HBase 的界面
hbase shell
####创建 HBase 的表
$hbase> create 't_log_detail', 'cf';
```

使用 HBase 存储详细的日志数据，达到能够利用 IP 和时间进行明细数据查询的目标。创建表，如图 18-10 所示。

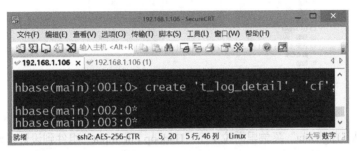

图 18-10

步骤02 使用 FTP 工具，把 Kettle 工具上传到服务器，如图 18-11 所示。

图 18-11

步骤03 打开 Kettle 这个 ETL 数据处理工具，新建一个空白的转换，如图 18-12 所示。

ETL 是由转换和作业组成的，转换表示实际数据处理的过程，比如数据过滤、数据组合、增加、修改等功能；作业大部分是用来定时调度转换处理。

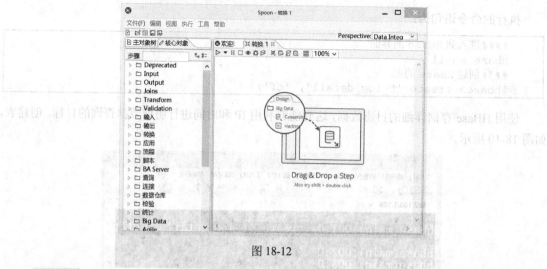

图 18-12

步骤04. 从"Big Data"菜单里面拉 1 个"Hadoop File Input"组件到设计区域,并进行编辑,各个属性的设置如下。

Environment 选择<Static>。
File/Folder 设置为 hdfs://root:123456@127.0.0.1:8020/input_log/demo.txt。

> **说　明**
> root 表示登录 Linux 操作系统的用户,123456 表示登录 Linux 操作系统的密码。

设置的结果如图 18-13 所示。

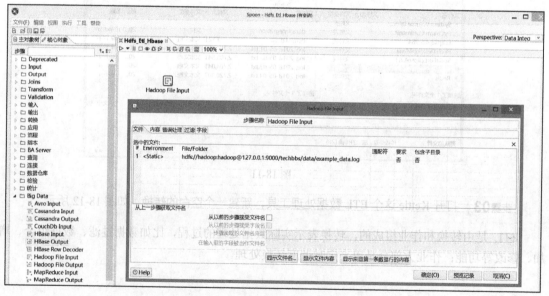

图 18-13

文件输入设置的内容,如图 18-14 所示。

第 18 章 大数据实战案例：用户日志综合分析项目

图 18-14

步骤05 从"Big Data"菜单里面拉一个"HBase Output"组件到设计区域里面，再进行属性设置，配置如图 18-15 所示。

Hadoop 集群配置如图 18-16 所示。

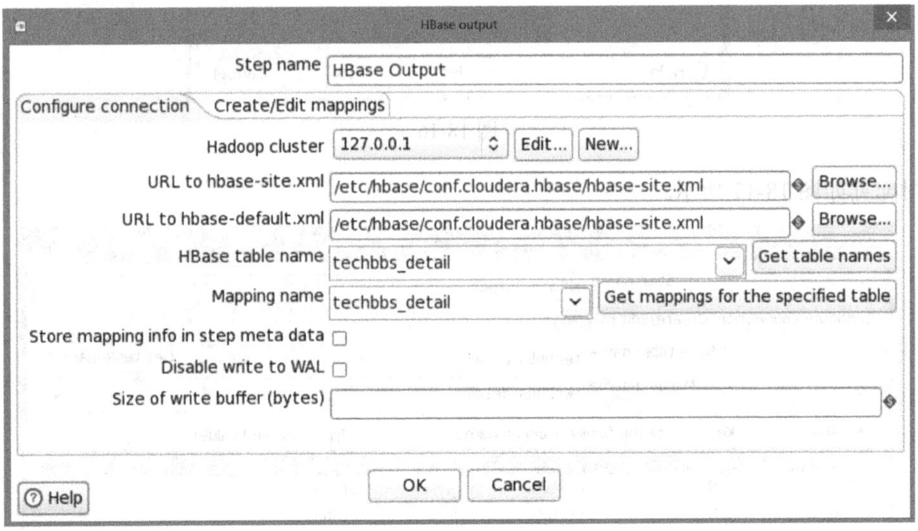

图 18-15

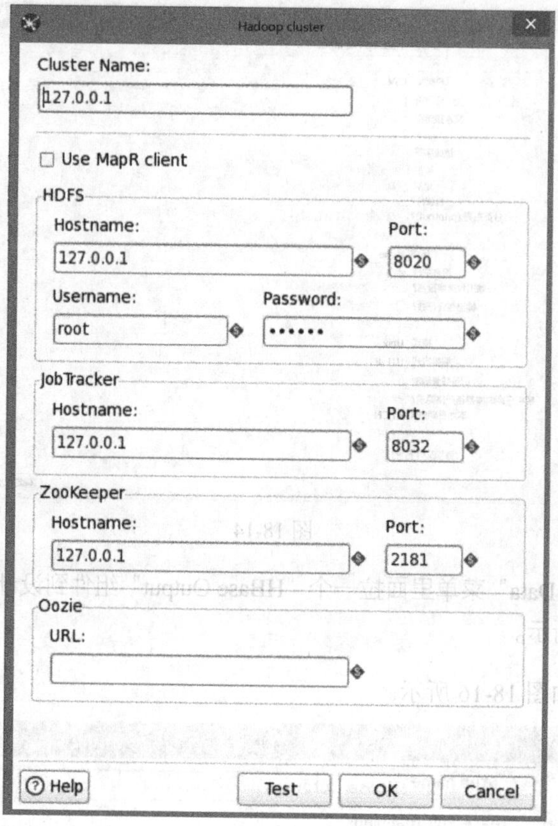

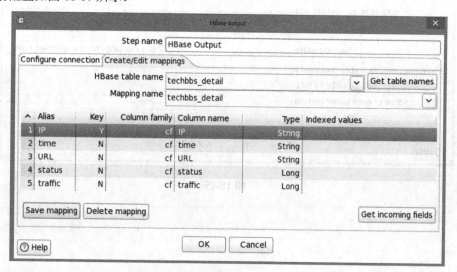

图 18-16

映射配置如图 18-17 所示。

图 18-17

步骤06 点击运行的案例，然后点击 ▷ 按钮，运行此转换，如图 18-18 所示。

第 18 章 大数据实战案例：用户日志综合分析项目

图 18-18

步骤07 查看运行结果，如图 18-19 所示。

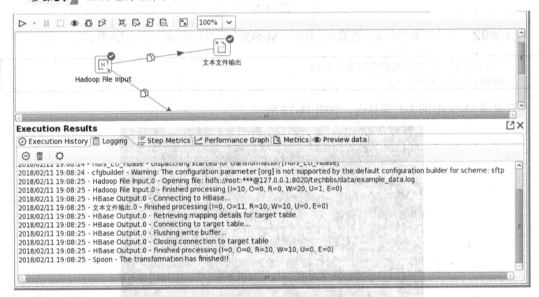

图 18-19

步骤08 查看结果数据是否是正确的，运行下面的命令：

```
####查看 HBase 的数据
```

```
$hbase> scan 't_log_detail';
```

查看运行结果,如图 18-20 所示。

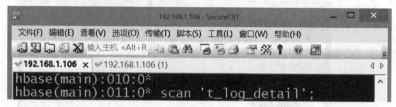

图 18-20

18.4.5 第五步:使用 Sqoop 把数据导入 MySQL

步骤01 使用 SSH 工具,远程连接到 Linux 环境,输入 IP 地址、用户、密码,再点击连接图标 ,如图 18-21 所示。

图 18-21

步骤02 输入下面的命令,再输入密码为"MySQL",按回车键,即可进入数据库,脚本如下:

```
####登录到MySQL 数据库的命令界面
$MySQL -u root -p
```

登录到 MySQL 的客户端界面,如图 18-22 所示。

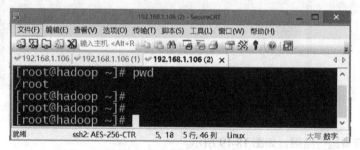

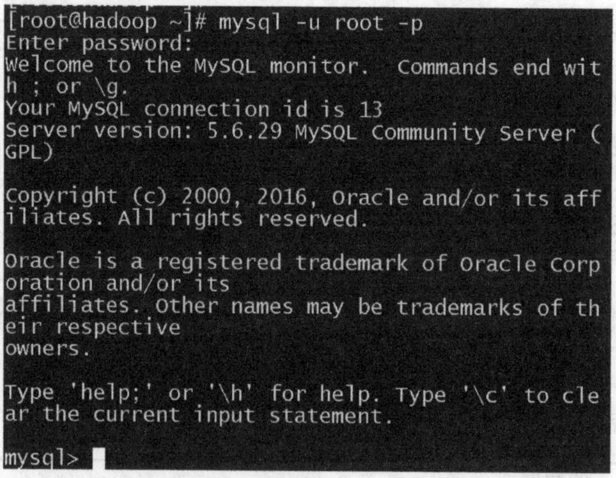

图 18-22

步骤03 创建一个新的数据库，执行命令：

```
#创建数据库脚本
CREATE DATABASE log;
```

步骤04 创建一张数据汇总表，执行命令：

```
#创建表，包括时间、浏览总数量、注册用户数、IP 总数等
DROP TABLE IF EXISTS t_log_all;
CREATE TABLE t_log_all (
  `time` VARCHAR (20) NOT NULL COMMENT '日期',
  `pv_num` INT (20) DEFAULT NULL COMMENT '浏览总数量',
  `user_num` INT (20) DEFAULT NULL COMMENT '注册用户数',
  `ip_num` INT (20) DEFAULT NULL COMMENT 'IP 数',
  PRIMARY KEY (`time`)
) ENGINE = INNODB DEFAULT CHARSET = utf8;
```

执行后的结果如图 18-23 所示。

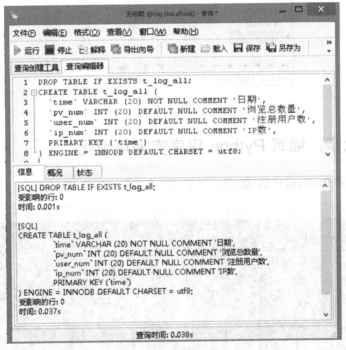

图 18-23

步骤05 把用 Hive 产生的表，导出到 MySQL 里面，如图 18-24 所示，导出的执行脚本如下：

```
####导出脚本
$sqoop export --connect jdbc:mysql://localhost:3306/log --username root
--password mysql --table t_log_all --export-dir
/user/Hive/warehouse/t_log_all/part-m-00000 --input-fields-terminated-by
'\0001'
####注意：这里的--export-dir 是指定的 Hive 目录下的表所在位置
```

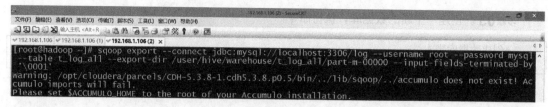

图 18-24

步骤06 使用 Navicat for MySQL 数据库的客户端工具,连接到远程服务器的 MySQL 数据库,可以查看到运行结果后的数据,输入远程 IP 地址、用户、密码,点击 "登录" 按钮,查询的结果如图 18-25 所示。

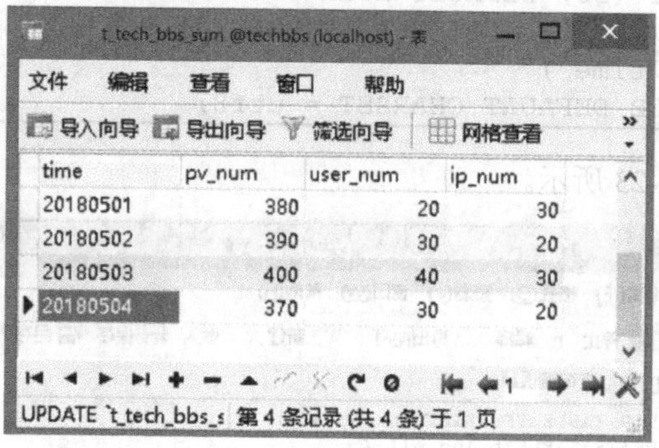

图 18-25

18.4.6　第六步:编写 Python 程序实现可视化

步骤01 打开 Pycharm 代码编辑器,并新建一个工程,如图 18-26 所示。

图 18-26

步骤02 安装 MySQL 包，在 Pycharm 主页面点击 File，选择 Settings，进入设置项，在设置页输入 Project_1，查找 Project Interpreter，找到 pymysql，双击，点击 Install Package 按钮，如图 18-27 所示。

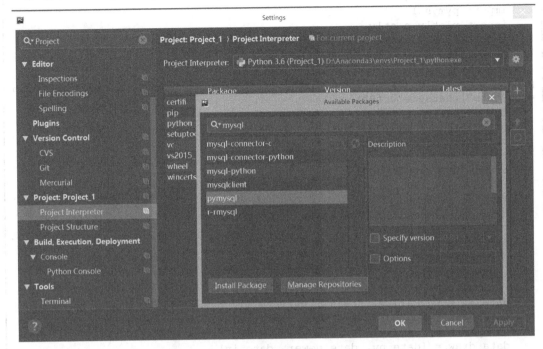

图 18-27

步骤03 新建一个 .py 的程序，取名为 Draw_MySQL，如图 18-28 所示。

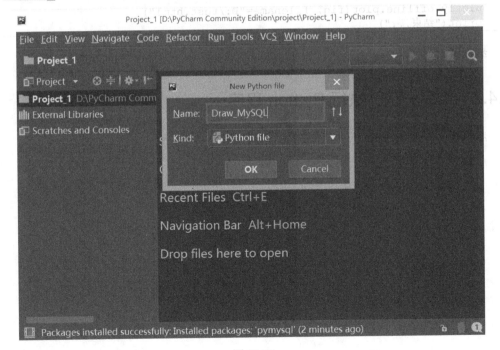

图 18-28

Python 的代码如下：

```python
print("开始...")
import pymysql
import plotly.plotly
import plotly.graph_objs as pg
print("设置和mysql数据库的链接")
conn = pymysql.Connection(host="localhost",port=3306,user="root",passwd="MySQL",db="techbbs",charset="utf8")
cur = conn.cursor(pymysql.cursors.DictCursor)
print("设置要查询的表数据")
cur.execute("select * from t_tech_bbs_sum")
rows = cur.fetchall()
print("申明list数据集")
lists = [[], [], [], []]
for row in rows:
 lists[0].append(row["date"])
 lists[1].append(row["pv"])
 lists[2].append(row["newer"])
 lists[3].append(row["ip"])
 print("打印数据：")
 print(lists)
date_pv = pg.Bar(x=lists[0], y=lists[1], name='网页浏览量')
date_newer = pg.Bar(x=lists[0], y=lists[2], name='注册用户数')
date_ip = pg.Bar(x=lists[0], y=lists[3], name='IP数')
data_draw = [date_pv, date_newer, date_ip]
layout = pg.Layout(barmode='group', title="各个时间段网站日志分析信息")
fig = pg.Figure(data=data_draw, layout=layout)
print("输出画图文件")
plotly.offline.plot(fig, filename="D:/test.html")
print("结束...")
```

步骤04 保存代码。

18.4.7 最后一步：执行 Python 程序

步骤01 打开 Pycharm 工具，右击执行代码，如图 18-29 所示。

第 18 章 大数据实战案例：用户日志综合分析项目

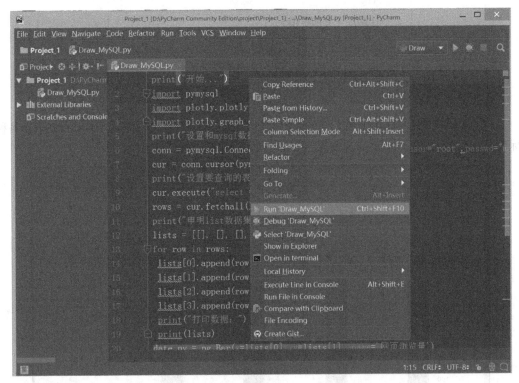

图 18-29

步骤02 对执行结果进行分析，如图 18-30 所示。

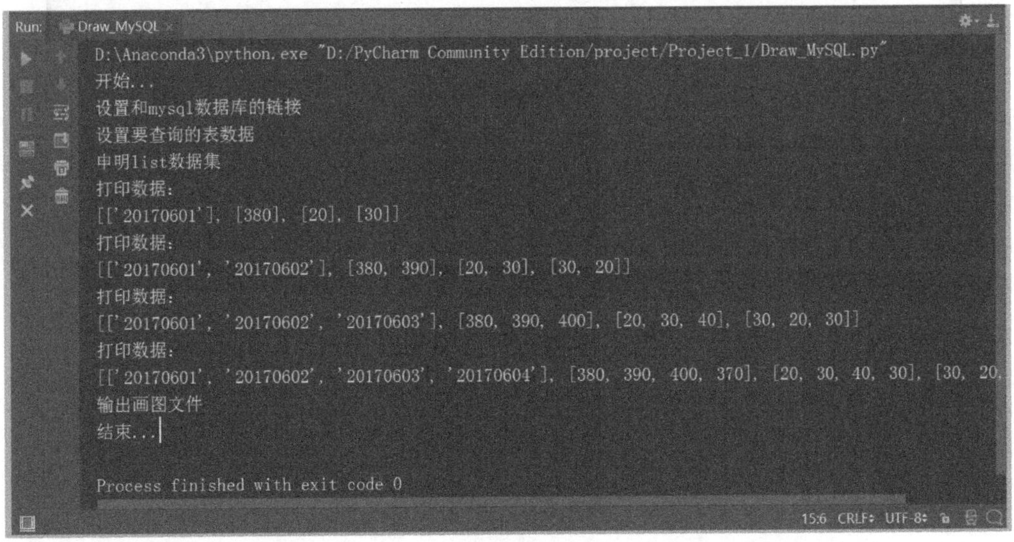

图 18-30

步骤03 运行程序后，会产生 HTML 文件，如图 18-31 所示。

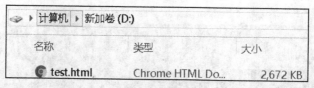

图 18-31

步骤04 打开此 HTML 文件,结果如图 18-32 所示。此图中,横轴表示日期,纵轴表示各种指标数据。

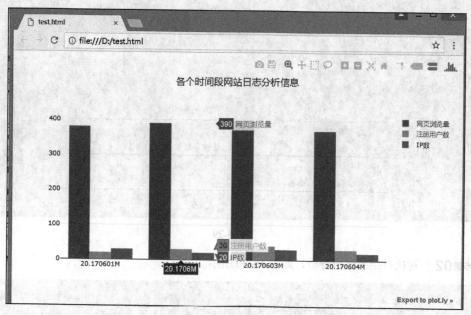

图 18-32